Python设计模式

（第2版）

[印度] Chetan Giridhar 著
韩波 译

人民邮电出版社
北京

图书在版编目（CIP）数据

Python设计模式 : 第2版 / (印) 吉里德尔 (Chetan Giridhar) 著 ; 韩波译. -- 北京 : 人民邮电出版社, 2017.8（2023.3重印）
ISBN 978-7-115-45880-3

Ⅰ. ①P… Ⅱ. ①吉… ②韩… Ⅲ. ①软件工具－程序设计 Ⅳ. ①TP311.561

中国版本图书馆CIP数据核字(2017)第142331号

版权声明

◆ 著 [印度] Chetan Giridhar
译 韩 波
责任编辑 胡俊英
责任印制 焦志炜

◆ 人民邮电出版社出版发行 北京市丰台区成寿寺路 11 号
邮编 100164 电子邮件 315@ptpress.com.cn
网址 https://www.ptpress.com.cn
北京盛通印刷股份有限公司印刷

◆ 开本：800×1000 1/16
印张：8.75 2017 年 8 月第 1 版
字数：186 千字 2023 年 3 月北京第 17 次印刷

著作权合同登记号 图字：01-2016-9212 号

定价：39.00 元

读者服务热线：(010)81055410 印装质量热线：(010)81055316
反盗版热线：(010)81055315
广告经营许可证：京东市监广登字 20170147 号

内容提要

设计模式是构建大型软件系统最强大的方法之一，优化软件架构和设计已经逐渐成为软件开发和维护过程中的一个重要课题。

本书通过 11 章内容，全面揭示有关设计模式的内容，并结合 Python 语言进行示例化的解析。全书囊括单例设计模式、工厂模式、门面模式、代理模式、观察者模式、命令模式、模板方法模式、复合模式、状态设计模式以及反模式等多种设计模式。

本书适合那些关注软件设计原则，并想将优秀的设计模式应用到 Python 编程当中的读者阅读，也适合普通的软件工程师、架构师参考。

序

“控制复杂度是计算机编程的本质”。

——Brian Kernighan

“计算机科学中的所有问题都可以通过抽象来解决”。

——David Wheeler

上面引自两位著名计算机科学家的名言，深入阐释了现代软件设计人员所面临的问题，即迫切需要为软件设计提供一个优良、稳定、可重用、灵活的解决方案。

实际上，设计模式能够以最优雅的方式来解决上述问题。设计模式抽象并存在于整洁、精心设计的组件和接口中，是众多软件设计师和架构师在解决类似问题方面长年积累的宝贵经验。在可重用性、灵活性、可扩展性和可维护性方面，这些解决方案都历经了长时间的考验。

目前，除了堪称设计模式奠基之作的 Gang of Four（GoF）的作品之外，该领域也涌现出了大量图书。

然而，在这个 Web 和移动计算的时代，人们越来越倾向于使用诸如 Python、Ruby 和 Clojure 之类的高级语言来编写程序，这就需要有更多的图书来将设计模式中那些深奥的语言翻译成人们更熟悉的术语，从而帮助人们使用这些更加新颖、更动态化的编程语言来编写可重用的代码。对于程序员新手来说尤其如此，因为他们通常会在设计与实现的复杂性中迷失方向，从而更需要专家的帮助。

书中不仅沿用了 GoF 书中的设计模式模板，同时为兼顾完整性，还添加了一些其他模式。但在介绍各种模式之前，首先为年轻和缺乏经验的读者提供了软件设计原则方面的基础知识，它们是这些设计模式产生和发展的思想基础。本书没有将读者一把推进模式世界的迷宫中，而是在打开这扇门之前首先介绍相应的基础知识，然后带领读者沿着这条道路循序渐进地学习。

在本书中，模式的示例代码都是用 Python 语言编程实现的，这一点是非常有意义的。作为一个为这种精彩的编程语言社团效力了 12 年多的人，我可以证明，它不仅优美而简洁，而且能够有效地解决各种从常规到最复杂的问题。Python 非常适合新手和年轻的程序员，因为它不仅易于学习，而且用它编写代码简直妙趣横生。年轻的程序员将会发现，他们花在 Python 社区和本书上的时间将是非常有益且卓有成效的。最后，作者 Chetan Giridhar 在 Python 方面经验丰富，因为他已经跟它打了 7 年多的交道了。

本书由他来编写是再合适不过了，因为他多次参与软件的设计和实现，对这些阶段中的复杂性有着切身的体会，并在这个过程学到了很多。同时，他还是 Python 各种论坛的著名演讲者，并多次在 Python 大会（如 PyCon India）上发表演讲。此外，他曾应邀在美国、亚太地区和新西兰的会议上发表演讲。

我相信本书将是对 Packt 系列图书的一个很好的补充，并且将为年轻的 Python 程序员提供一组相应的技能，使他们能够轻而易举通过 Python 进行模块设计和高效编程。

——Anand B Pillai

CTO-Skoov.com

Python 软件基金会董事会成员

班加罗尔 Python 用户组创始人

作者简介

Chetan Giridhar是一位技术领导者、开源爱好者和Python开发人员。他曾在*LinuxForYou*和*Agile Record*等杂志上发表多篇技术和开发实践方面的文章，并在*Python Papers*杂志上发表过技术论文。他曾在PyCon India、Asia-Pacifc和New ZealandPyCon等会议上发表演讲，并热衷于实时通信、分布式系统和云应用等领域。Chetan已经是Packt出版社的技术评审，并为*IPython Visualizations*和*Core Python*等图书撰稿。

我要在此向Packt团队致谢，特别是Merint Thomas Mathew，以及技术评审Maurice HT Ling，感谢他们为本书做出了积极的贡献。特别感谢我的导师Anand B Pillai欣然接受本书的审阅工作，并为本书作序。如果没有我的父母Jyotsana和Jayant Giridhar的祝福，以及我的妻子Deepti和女儿Pihu不断的支持和鼓励，本书是不可能完成的！

技术审稿人简介

Maurice HT Ling 自 2003 年以来一直从事 Python 编程。在墨尔本大学取得生物信息学博士学位以及分子和细胞生物学的理学士（大学荣誉学位）学位后，他目前担任新加坡南洋理工大学的研究员，以及澳大利亚墨尔本大学的名誉研究员。Maurice 是计算和数学生物学的主编，同时也是 *Python Papers* 的共同编辑。最近，Maurice 共同创立了新加坡首屈一指的合成生物学创业公司 AdvanceSyn Pte，并担任公司董事和首席技术官。此外，他还是新加坡 Colossus Technologies LLP 的主要合伙人。他的研究兴趣主要在生命科学领域（生物生命、人造生命和人工智能），使用计算机科学和统计学作为工具来了解生命及其各个方面。空闲时，Maurice 喜欢阅读、品咖啡、写个人日记，或对生命的各个方面进行哲学探讨。你可以在他的个人网站和 LinkedIn 上访问他的个人主页，地址分别为 http://maurice.vodien.com 和 http://www.linkedin.com/in/mauriceling。

前言

设计模式是构建大型软件系统最强大的方法之一。随着人们对优化软件架构和设计的日益关注，对于软件架构师而言，在架构或设计层面上考虑对象创建、代码结构和对象之间的交互等方面的优化也显得日益重要。因为这样不仅可以让软件的维护成本变低，使得代码可以轻松重用，同时还能使得代码可以适应变化。此外，具有可重用性和独立性的框架是当今软件开发的关键所在。

本书组织架构

第 1 章“设计模式简介”介绍了面向对象编程的基础知识，同时详细讨论了面向对象编程的设计原则。本章简要介绍了设计模式的概念，以便帮读者了解软件开发中设计模式的相关背景和应用。第 2 章“单例设计模式”讲解了应用程序开发中使用的最简单和最著名的创建型设计模式之一——单例设计模式。同时，还介绍了利用 Python 创建单例模式的不同方式。此外，本章还介绍了 Monostate（或 Borg）设计模式，它是单例设计模式的一个变体。第 3 章“工厂模式”讨论了另一种创建型模式，即工厂模式。同时，本章还借助 UML 图、现实场景和 Python 3.5 来帮助读者了解工厂方法模式和抽象工厂模式。

第 4 章“门面模式”向读者展现了另一种设计模式，即结构型设计模式。我们不仅介绍了门面的概念，并借助门面设计模式介绍了如何将其用于软件设计。同时，还通过实际场景中的 Python 示例应用程序来介绍其实现过程。

第 5 章“代理模式”讲解了一种结构型设计模式——代理模式。我们首先介绍了代理的概念，并讨论了相应的设计模式，然后介绍了该模式在软件应用程序开发中如何应用。

此外，本章还讲解了代理模式的各种变体——虚拟代理、智能代理、远程代理和保护代理。

第 6 章“观察者模式”探讨了第三种设计模式——行为型设计模式。在本章中，我们将以实例的形式介绍观察者设计模式。同时，本章还详细展示了如何实现观察者模式的推模型和拉模型以及松耦合原则。在云应用程序和分布式系统方面，这种模式是至关重要的。第 7 章“命令模式”将为读者介绍命令设计模式。我们不仅介绍了命令设计模式，还借助现实世界场景和相应的 Python 实现介绍了如何将其应用于软件应用程序开发当中。除此之外，本章还考察了命令模式的两个主要方面，即重做或回滚操作以及异步任务执行的实现。第 8 章“模板方法模式”讨论了模板设计模式。跟命令模式类似，模板模式也属于行为型模式。在这一章中，不仅讨论了模板方法模式，还通过其实现来介绍了钩子技术。此外，本章还通过好莱坞原则来帮助读者加深对这种模式的理解。

第 9 章“模型—视图—控制器——复合模式”不仅为读者介绍了该模式本身，还讨论了如何将其应用于软件应用程序开发。MVC 已经成为最常用的设计模式之一，其实很多 Python 框架都是基于这个原理的。读者还可以通过使用 Python Tornado（Facebook 使用的框架）编写的示例应用程序来了解 MVC 实现的详细信息。

第 10 章“状态设计模式”向读者介绍了状态设计模式，就像命令或模板设计模式一样，它们都属于行为型模式。同时，本章还讨论了如何在软件应用程序开发中使用该模式。第 11 章“反模式”为读者介绍了反模式，即作为架构师或软件工程师，我们不应该采取的那些行为。

本书需要的资源

对于阅读本书来说，只需安装 Python 3.5 即可，你可以从 https://www.python.org/downloads/下载并安装该软件。

目标读者

本书的目标读者是需要关注软件设计原则和 Python 应用程序开发方面细节的 Python 开发人员和软件架构师。这要求读者对编程概念有基本了解，同时要具备初级的 Python 开发经验。此外，对于学生和老师来说，现场学习环境也是颇为有益的。

排版约定

在本书中，不同类型的信息会采用不同的排版样式，以示区别。下面针对各种排版样式及其含义进行举例说明。

文本、数据库表名、文件夹名、文件名、文件扩展名和路径名、伪 URL、用户输入和推特句柄中出现的代码文字，会显示：“对象 `Car` 具有诸如 `fuel level`、`isSedan`、`speed`、`steering wheel` 和 `coordinates` 等属性。”

代码段会显示：

```
class Person(object):
    def __init__(self, name, age): #constructor
        self.name = name   #data members/ attributes
        self.age = age
    def get_person(self,):   # member function
        return "<Person (%s, %s)>" % (self.name, self.age)

p = Person("John", 32)   # p is an object of type Person
print("Type of Object:", type(p), "Memory Address:", id(p))
```

新术语及重要词汇使用**粗体字**表示。对于在屏幕中看到的文字，如菜单或者对话框中的文字，排版形式为“对于 Python 语言来说，封装（数据和方法的隐藏）的概念不是隐式的，因为它没有提供支持封装所需的关键字，如 **public**、**private** 和 **protected**（而 C ++或 Java 语言则提供了相应的关键字）”。

提示：

- 警告或者重要的注释在此显示。

小技巧：

- 提示和小技巧在此显示。

读者反馈

我们欢迎读者对本书进行反馈，希望了解你对本书的看法：你喜欢哪些方面或不喜欢哪些方面。在帮助本社推出真正符合读者需要的图书方面，读者的反馈信息至关重要。

如果想为我们提供一般性的反馈，请向 feedback@packtpub.com 邮箱发送电子邮件，并在邮件的标题中指出相应的书名即可。

如果某些主题是你擅长的领域，并且有意著书或撰稿，请进入 www.packtpub.com/authors，进一步阅读作者指南。

客户支持

你已经是 Packt 出版社的尊贵用户，为了让你的订购物超所值，我们将为你提供一些增值服务。

下载示例代码

访问 http://www.packtpub.com 网站并登录账户后，读者便可以下载所有已购 Packt 出版社图书的示例代码。如果是在其他地方购买的本书，可以访问 http://www.packtpub.com/support 并注册，通过电子邮件获取相应的代码。

勘误

虽然我们会全力确保书中内容的准确性，但错误仍在所难免。如果你在本书中发现了错误（文字错误或代码错误），而且愿意向我们提交这些错误，我们感激不尽。这样不仅可以消除其他读者的疑虑，也有助于改进后续版本。若想提交你发现的错误，请访问 http://www.packtpub.com/submit-errata，在“Errata Submission Form”（提交勘误表单）中选择相应图书，输入勘误详情。勘误通过验证之后将上传到 Packt 网站，或添加到现有的勘误列表中。若想查看某本书的现有勘误信息，请访问 http://www. packtpub.com/support，选择相应的书名即可。

关于盗版行为

对各种媒体而言，互联网上受版权保护的各种材料都长期面临非法复制的问题。Packt出版社非常重视版权保护和版权许可，如果你在网上看到本社图书任何形式的非法复制，请立刻向我们提供网址或网站名称，以便我们及时采取补救措施。

请通过 copyright@packtpub.com 联系我们，并提供疑似盗版材料的链接信息。

感谢你帮助我们保护作者的权益，从而使我们能够提供更有价值的内容。

疑问解答

如果你对本书有任何疑问，可以通过 questions@packtpub.com 联系我们，我们将尽力为你解答。

目录

第 1 章 设计模式简介 ······ 1

1.1 理解面向对象编程 ······ 1

1.1.1 对象 ······ 2

1.1.2 类 ······ 2

1.1.3 方法 ······ 2

1.2 面向对象编程的主要概念 ······ 3

1.2.1 封装 ······ 3

1.2.2 多态 ······ 3

1.2.3 继承 ······ 4

1.2.4 抽象 ······ 4

1.2.5 组合 ······ 5

1.3 面向对象的设计原则 ······ 5

1.3.1 开放/封闭原则 ······ 6

1.3.2 控制反转原则 ······ 6

1.3.3 接口隔离原则 ······ 6

1.3.4 单一职责原则 ······ 7

1.3.5 替换原则 ······ 7

1.4 设计模式的概念 ······ 7

1.4.1 设计模式的优点 ······ 8

1.4.2 设计模式的分类 ······ 9

1.4.3 上下文——设计模式的适用性 9
1.5 动态语言的设计模式 9
1.6 模式的分类 10
1.6.1 创建型模式 10
1.6.2 结构型模式 10
1.6.3 行为型模式 11
1.7 小结 11

第 2 章 单例设计模式 12

2.1 理解单例设计模式 12
2.2 单例模式中的懒汉式实例化 14
2.3 模块级别的单例模式 15
2.4 Monostate 单例模式 15
2.5 单例和元类 16
2.6 单例模式 I 18
2.7 单例模式 II 20
2.8 单例模式的缺点 21
2.9 小结 22

第 3 章 工厂模式：建立创建对象的工厂 23

3.1 了解工厂模式 23
3.2 简单工厂模式 24
3.3 工厂方法模式 26
3.3.1 实现工厂方法 27
3.3.2 工厂方法模式的优点 29
3.4 抽象工厂模式 30
3.5 工厂方法与抽象工厂方法 33
3.6 小结 34

第 4 章 门面模式——与门面相适 35

4.1 理解结构型设计模式 35
4.2 理解门面设计模式 36
4.3 UML 类图 37

4.3.1 门面 …… 37
4.3.2 系统 …… 38
4.3.3 客户端 …… 38
4.4 在现实世界中实现门面模式 …… 38
4.5 最少知识原则 …… 42
4.6 常见问答 …… 42
4.7 小结 …… 43

第 5 章 代理模式——控制对象的访问 …… 44

5.1 理解代理设计模式 …… 44
5.2 代理模式的 UML 类图 …… 46
5.3 了解不同类型的代理 …… 47
5.3.1 虚拟代理 …… 48
5.3.2 远程代理 …… 48
5.3.3 保护代理 …… 48
5.3.4 智能代理 …… 48
5.4 现实世界中的代理模式 …… 49
5.5 代理模式的优点 …… 52
5.6 门面模式和代理模式之间的比较 …… 52
5.7 常见问答 …… 53
5.8 小结 …… 53

第 6 章 观察者模式——了解对象的情况 …… 54

6.1 行为型模式简介 …… 54
6.2 理解观察者设计模式 …… 55
6.3 现实世界中的观察者模式 …… 58
6.4 观察者模式的通知方式 …… 62
6.4.1 拉模型 …… 62
6.4.2 推模型 …… 62
6.5 松耦合与观察者模式 …… 62
6.6 观察者模式：优点和缺点 …… 63
6.7 常见问答 …… 64
6.8 小结 …… 64

第 7 章　命令模式——封装调用 ······ 65

7.1　命令设计模式简介 ······ 65
7.2　了解命令设计模式 ······ 66
7.3　实现现实世界中命令模式 ······ 69
7.4　命令模式的优缺点 ······ 73
7.5　常见问答 ······ 74
7.6　小结 ······ 74

第 8 章　模板方法模式——封装算法 ······ 75

8.1　定义模板方法模式 ······ 75
8.1.1　了解模板方法设计模式 ······ 77
8.1.2　模板方法模式的 UML 类图 ······ 79
8.2　现实世界中的模板方法模式 ······ 81
8.3　模板方法模式——钩子 ······ 84
8.4　好莱坞原则与模板方法 ······ 85
8.5　模板方法模式的优点和缺点 ······ 85
8.6　常见问答 ······ 86
8.7　小结 ······ 86

第 9 章　模型—视图—控制器——复合模式 ······ 87

9.1　复合模式简介 ······ 87
9.2　模型—视图—控制器模式 ······ 88
9.2.1　模型——了解应用程序的情况 ······ 90
9.2.2　视图——外观 ······ 90
9.2.3　控制器——胶水 ······ 90
9.3　MVC 设计模式的 UML 类图 ······ 92
9.4　现实世界中的 MVC 模式 ······ 94
9.4.1　模块 ······ 94
9.4.2　MVC 模式的优点 ······ 101
9.5　常见问答 ······ 101
9.6　小结 ······ 102

第 10 章 状态设计模式 ······ 103

10.1 定义状态设计模式 ······ 103

10.1.1 理解状态设计模式 ······ 104

10.1.2 通过 UML 图理解状态设计模式 ······ 105

10.2 状态设计模式的简单示例 ······ 106

10.3 状态模式的优缺点 ······ 110

10.4 小结 ······ 111

第 11 章 反模式 ······ 112

11.1 反模式简介 ······ 112

11.2 软件开发反模式 ······ 113

11.2.1 意大利面条式代码 ······ 114

11.2.2 金锤 ······ 114

11.2.3 熔岩流 ······ 115

11.2.4 复制粘贴或剪切粘贴式编程 ······ 115

11.3 软件架构反模式 ······ 116

11.3.1 重新发明轮子 ······ 116

11.3.2 供应商套牢 ······ 117

11.3.3 委员会设计 ······ 117

11.4 小结 ······ 118

第1章 设计模式简介

在本章中，我们将详细介绍面向对象编程的基础知识，并深入探讨面向对象的设计原理，以便为本书后面介绍的高级主题打下坚实的基础。此外，本章还将简要介绍设计模式的概念，使你能够了解软件开发中设计模式的背景和应用。在这里，我们也将设计模式分为三大类型：创建型、结构型和行为型模式。因此，本章中主要涵盖以下主题：

- 理解面向对象编程；
- 讨论面向对象的设计原则；
- 理解设计模式的概念及其分类和背景；
- 讨论动态语言的设计模式；
- 设计模式的分类——创建型模式、结构型模式和行为型模式。

1.1 理解面向对象编程

在开始学习设计模式之前，我们不妨先来了解一下相关的基础知识，并进一步熟悉 Python 面向对象的范式。面向对象的世界引入了对象的概念，而这些对象又具有属性（数据成员）和过程（成员函数）。这些函数的作用就是处理属性。

这里，我们以对象 Car 为例进行说明。对象 Car 不仅拥有多种属性，如 fuel level（油位）、isSedan（是否为轿车）、speed（速度）、steering wheel（方向盘）和 coordinates（坐标），同时还拥有一些方法，例如 accelerate()方法用来提供速度，而 takeleft()方法则可以让车左转。自 Python 的第 1 版发布之后，它也变成了一种面向对象的语言。正如它声明的那样，在 Python 中，一切皆对象。每个类的实例或变量都有它自己的内存地址或身份。对象就是类的实例，应用开发就是通过让对象交互来实现目的的过程。为了理解面向对象程序设计的核心概念，我们需要深入理解对象、类和方法。

1.1.1 对象

我们可以通过以下几点来描述对象。

- 它们表示所开发的应用程序内的实体。
- 实体之间可以通过交互来解决现实世界的问题。
- 例如，Person 是实体，而 Car 也是实体。Person 可以驾驶 Car，从一个地方开到另一个地方。

1.1.2 类

类可以帮助开发人员表示现实世界中的实体。

- 类可以定义对象的属性和行为。属性是数据成员，行为由成员函数表示。
- 类包含了构造函数，这些函数的作用是为对象提供初始状态。
- 类就像模板一样，非常易于重复使用。

例如，类 `Person` 可以带有属性 `name` 和 `age`，同时提供成员函数 `gotoOffice()`，以定义去办公室工作的行为。

1.1.3 方法

以下几点描述了方法在面向对象的世界中的作用。

- 它们表示对象的行为。
- 方法可以对属性进行处理，从而实现所需的功能。

下面是在 Python v3.5 中创建类和对象的一个例子：

```
class Person(object):
    def __init__(self, name, age):   #constructor
        self.name = name   #data members/ attributes
        self.age = age
    def get_person(self,):   # member function
        return "<Person (%s, %s)>" % (self.name, self.age)

p = Person("John", 32)    # p is an object of type Person
print("Type of Object:", type(p), "Memory Address:", id(p))
```

上述代码的输出结果如图 1-1 所示。

```
Type of Object: <class '__main__.Person'> Memory Address: 4329015224
```

图 1-1

1.2 面向对象编程的主要概念

现在我们已经了解了面向对象编程的基础知识，下面让我们深入了解面向对象编程的主要概念。

1.2.1 封装

封装的主要特点如下所示。

- 对象的行为对于外部世界来说是不可见的，或者说对象的状态信息是私密的。
- 客户端不能通过直接操作来改变对象的内部状态。相反，客户端需要通过发送消息来请求对象改变其内部状态。对象可以根据请求的类型，通过特定的成员函数（例如 get 和 set）改变它们的内部状态，以做出相应的响应。
- 在 Python 中，封装（数据和方法的隐藏）的概念不是隐式的，因为它没有提供封装所需的关键字，诸如 public、private 和 protected（在诸如 C++或 Java 之类的语言中，都提供了这些关键字）。当然，如果在变量或函数名前面加上前缀__，就可以将其可访问性变为私有。

1.2.2 多态

多态的主要特征如下所示。

- 多态有两种类型。
  - 对象根据输入参数提供方法的不同实现。
  - 不同类型的对象可以使用相同的接口。
- 对于 Python 来说，多态是该语言的内置功能。例如，操作符“+”可以应用于两个整数以进行加法运算，也可以应用于字符串来连接它们。在下面的示例中，字符串、元组或列表都可以通过整数索引进行访问。

它为我们展示了 Python 内置类型的多态：

```
a = "John"
b = (1,2,3)
c = [3,4,6,8,9]
print(a[1], b[0], c[2])
```

1.2.3 继承

以下几点有助于我们更好地理解继承过程。

- 继承表示一个类可以继承父类的（大部分）功能。
- 继承被描述为一个重用基类中定义的功能并允许对原始软件的实现进行独立扩展的选项。
- 继承可以利用不同类的对象之间的关系建立层次结构。与 Java 不同，Python 支持多重继承（继承多个基类）。

在下面的代码示例中，类 A 是基类，类 B 继承了类 A 的特性。因此，类 B 的对象可以访问类 A 的方法：

```
class A:
    def a1(self):
        print("a1")

class B(A):
    def b(self):
        print("b")


b = B()
b.a1()
```

1.2.4 抽象

抽象的主要特征如下所示：

- 它提供了一个简单的客户端接口，客户端可以通过该接口与类的对象进行交互，并可以调用该接口中定义的各个方法。
- 它将内部类的复杂性抽象为一个接口，这样客户端就不需要知道内部实现了。

在下面的例子中，我们通过 add () 方法对类 Adder 的内部细节进行了抽象处理：

```
class Adder:
    def __init__(self):
        self.sum = 0
    def add(self, value):
        self.sum += value

acc = Adder()
for i in range(99):
    acc.add(i)


print(acc.sum)
```

1.2.5 组合

组合是指以下几点。

- 它是一种将对象或类组合成更复杂的数据结构或软件实现的方法。
- 在组合中，一个对象可用于调用其他模块中的成员函数，这样一来，无需通过继承就可以实现基本功能的跨模块使用。

在下面的示例中，类 A 的对象被组合到了类 B 中：

```
class A(object):
    def a1(self):
        print("a1")

class B(object):
    def b(self):
        print("b")
        A().a1()


objectB = B()
objectB.b()
```

1.3 面向对象的设计原则

现在，让我们探讨另一组概念，这些概念对我们接下来的学习至关重要。

这些只是面向对象的设计原则，当我们深入细致地学习设计模式时，将作为工具箱使用。

1.3.1 开放/封闭原则

开放/封闭原则规定，类或对象及其方法对于扩展来说，应该是开放的，但是对于修改来说，应该是封闭的。

简单地说，这意味着当你开发软件应用的时候，一定确保以通用的方式来编写类或模块，以便每当需要扩展类或对象行为的时候不必修改类本身。相反，类的简单扩展将有助于建立新的行为。

例如，开放/封闭原则能够在下列情形中表现得淋漓尽致：为了实现所需行为，用户必须通过扩展抽象基类来创建类的实现，而不是通过修改抽象类。

本设计原则的优点如下。

- 现有的类不会被修改，因此退化的可能性较小。
- 它还有助于保持以前代码的向后兼容性 。

1.3.2 控制反转原则

控制反转原则是指，高层级的模块不应该依赖于低层级的模块，它们应该都依赖于抽象。细节应该依赖于抽象，而不是抽象依赖于细节。

该原则建议任何两个模块都不应以紧密方式相互依赖。事实上，基本模块和从属模块应当在它们之间提供一个抽象层来耦合。这个原则还建议，类的细节应该描绘抽象。在某些情况下，这种观念会反转，也就是实现细节本身决定了抽象，这种情况是应该避免的。

控制反转原则的优点如下。

- 消弱了模块间的紧耦合，因此消除了系统中的复杂性/刚性。
- 由于在依赖模块之间有一个明确的抽象层（由钩子或参数提供），因此便于通过更好的方式处理模块之间的依赖关系。

1.3.3 接口隔离原则

接口隔离原则规定，客户端不应该依赖于它们不需要使用的接口。

接口隔离原则的意思就是，软件开发人员应该仔细地处理接口。例如，它提醒开发人员/架构师开发的方法要与特定功能紧密相关。如果存在与接口无关的方法，那么依赖于该接口的类就必须实现它，实际上这是毫无必要的。

例如，一个 `Pizza` 接口不应该提供名为 `add_chicken()` 的方法。基于 `Pizza` 接口的 `Veg Pizza` 类不应该强制实现该方法。

本设计原则的优点如下所示。

- 它强制开发人员编写“瘦身型”接口，并使方法与接口紧密相关。
- 防止向接口中随意添加方法。

1.3.4 单一职责原则

单一职责的含义是：类的职责单一，引起类变化的原因单一。

这个原则是说，当我们开发类时，它应该为特定的功能服务。如果一个类实现了两个功能，那么最好将它们分开。也就是说，功能才是改变的理由。例如，一个类可以因为所需行为的变化而进行修改，但是如果一个类由于两个因素（基本上是两个功能的改变）而改变，那么该类就应该进行相应的分割。

本设计原则的优点如下所示。

- 每当一个功能发生变化时，除了特定的类需要改变外，其他类无需变动。
- 此外，如果一个类有多种功能，那么依赖它的类必定会由于多种原因而经历多次修改，这是应该避免的。

1.3.5 替换原则

替换原则规定，派生类必须能够完全取代基类。

这个原则很简单，当应用程序开发人员编写派生类时，该原则的含义就是他们应该扩展基类。此外，它还建议派生类应该尽可能对基类封闭，以至于派生类本身可以替换基类，而无需修改任何代码。

1.4 设计模式的概念

现在终于到了谈论设计模式的时候了！那么，什么是设计模式呢？

设计模式是由 GoF（Gang of Four）首先提出的，根据他们的观点，设计模式就是解决特定问题的解决方案。如果你想进一步了解其定义，请参阅 *Design Patterns: Elements of*

Reusable Object-Oriented Software 一书，而 GoF 指的就是该书的 4 位作者。这本书的作者是 Erich Gamma、Richard Helm、Ralph Johnson 和 John Vlissides，前言由 Grady Booch 撰写。本书涵盖了软件设计方面常见问题的软件工程解决方案，书中提供了 23 种设计模式，并首次利用 Java 语言给出了程序实现。设计模式本身是一种发现，而不是一种发明。

设计模式的主要特点如下所示。

- 它们是语言无关的，可以用多种语言实现。
- 它们是动态的，随时会有新的模式引入。
- 它们可以进行定制，因此对开发人员非常有用。

当你第一次听说设计模式时，可能会有以下联想。

- 这是针对目前所有设计问题的灵丹妙药。
- 这是一个卓越的、特别明智的解决问题的方法。
- 许多软件开发专家都赞同这些解决方案。
- 在设计方面，有许多东西是可重复的，因此才使用了“模式”这个词。

你必须尝试解决设计模式想要解决的问题，也许你的解决方案并不完善，而我们所追求的完善性正是设计模式中固有的或隐含的。当我们提到完整性时，它可以指许多因素，例如设计、可扩展性、重用、内存利用率等。从本质上说，设计模式就是从别人的成功而非自己的失败中进行学习！

关于设计模式的另一个有趣的讨论是，什么时候使用它们？它是应用在软件开发生命周期（Software Development Life Cycle，SDLC）的分析或设计阶段吗？

有趣的是，设计模式是已知问题的解决方案。因此，设计模式在分析或设计阶段非常有用，并且如预期的那样，在开发阶段也非常有用，因为它们与应用的编程直接相关。

1.4.1 设计模式的优点

设计模式的优点如下所示。

- 它们可以在多个项目中重复使用。
- 问题可以在架构级别得到解决。
- 它们都经过了时间的验证和良好的证明，是开发人员和架构师的宝贵经验。
- 它们具有可靠性和依赖性。

1.4.2 设计模式的分类

不是每一段代码或每一种设计都可以叫作设计模式。例如，解决一个问题的编程构造或数据结构就不能被称为模式。下面让我们通过一种简单的方式来理解这些术语。

- 代码段：用某种语言编写的一段具有特定用途的代码，例如，它可以是 Python 中的 DB 连接代码。
- 设计：用来解决某个特定问题的优秀解决方案。
- 标准：这是一种解决某类问题的方法，它非常通用，并且适用于当前的情况。
- 模式：这是一个经过时间考验的、高效、可扩展的解决方案，能够解决一类已知问题。

1.4.3 上下文——设计模式的适用性

为了有效地使用设计模式，应用程序开发人员必须了解设计模式所适用的上下文。我们可以将上下文分为以下几种主要类型。

- 参与者：它们是在设计模式中用到的类。类可以在模式中扮演不同的角色，以完成多个目标。
- 非功能需求：诸如内存优化、可用性和性能等需求都属于此类型。由于这些因素影响整个软件解决方案，因此至关重要。
- 权衡：并非所有的设计模式都适合于应用程序开发，因此需要权衡。这些是在应用程序中使用设计模式时所做的决策。
- 结果：如果上下文不合适，设计模式可能对代码的其他部分产生负面影响。开发人员应该了解设计模式的结果和用途。

1.5 动态语言的设计模式

就像 Lisp 一样，Python 也是一种动态语言。Python 的动态特性如下所示。

- 类型或类是运行时对象。
- 变量可以根据赋值来确定类型，并且类型可以在运行时改变。例如，`a=5` 和 `a="John"`，变量 `a` 在运行时被赋值，而且其类型也发生了变化。

- 动态语言在类限制方面具有更大的灵活性。
- 例如，在 Python 中，多态性是该语言所固有的，并没有诸如 private 和 protected 之类的关键字，因为默认情况下一切都是公共的。
- 可以使用动态语言轻松实现设计模式的用例。

1.6 模式的分类

GoF 在他们的设计模式书中讲到了 23 种设计模式，并将它们分为三大类。

- 创建型模式。
- 结构型模式。
- 行为型模式。

模式的分类主要基于对象的创建方式、软件应用程序中类和对象的构造方式，同时还涉及对象之间的交互方式。我们将在本节中详细介绍所有类型。

1.6.1 创建型模式

以下是创建型模式的性质。

- 它们的运行机制基于对象的创建方式。
- 它们将对象创建的细节隔离开来。
- 代码与所创建的对象的类型无关。

单例模式是创建型模式的一个例子。

1.6.2 结构型模式

以下是结构型模式的性质。

- 它们致力于设计出能够通过组合获得更强大功能的对象和类的结构。
- 重点是简化结构并识别类和对象之间的关系。
- 它们主要关注类的继承和组合。

适配器模式是结构型模式的一个例子。

1.6.3 行为型模式

行为型模式具有下列性质。

- 它们关注对象之间的交互以及对象的响应性。
- 对象应该能够交互，同时仍然保持松散耦合。

观察者模式是行为型模式的一个例子。

1.7 小结

在本章中，我们介绍了面向对象编程的基本概念，如对象、类、变量，并通过示例代码解释了面向对象编程诸如多态、继承和抽象等特性。

然后，我们讲解了在设计应用程序时，作为开发人员或架构师应遵循的面向对象的设计原则。

接着，我们深入探讨了设计模式及其应用，同时，介绍了其适用的上下文和分类。

在阅读本章之后，读者就为将来进一步深入学习各种设计模式打下了牢固的基础。

第 2 章 单例设计模式

在上一章中，我们探讨了设计模式及其分类。我们都知道，设计模式可以分三大类：结构型、行为型和创建型模式。

在这一章中，我们将学习单例设计模式。单例设计模式是应用开发过程中最简单和最著名的一种创建型设计模式。本章首先会对单例模式进行简要介绍，然后提供一个采用了该模式的实际例子，在 Python 代码示例的帮助下，对其进行深入的剖析。此外，本章还会介绍 Monostate（或者 Borg）设计模式，它是单例设计模式的一个变种。

在本章中，我们将会涉及以下主题：

- 理解单例设计模式；
- 单例模式实例；
- 单例设计模式的 Python 实现；
- Monostate（Borg）模式。

在本章的结尾部分，我们将对单例模式进行简要总结。这将有助于读者针对单例设计模式的各个方面进行独立思考。

2.1 理解单例设计模式

单例模式提供了这样一个机制，即确保类有且只有一个特定类型的对象，并提供全局访问点。因此，单例模式通常用于下列情形，例如日志记录或数据库操作、打印机后台处理程序，以及其他程序——该程序运行过程中只能生成一个实例，以避免对同一资源产生相互冲突的请求。例如，我们可能希望使用一个数据库对象对数据库进行操作，以维护数据的一致性；或者希望使用一个日志类的对象，将多项服务的日志信息按照顺序转储到一个特定的日志文件中。

简言之，单例设计模式的意图如下所示。

- 确保类有且只有一个对象被创建。
- 为对象提供一个访问点，以使程序可以全局访问该对象。
- 控制共享资源的并行访问。

图 2-1 是单例模式的 UML 图。

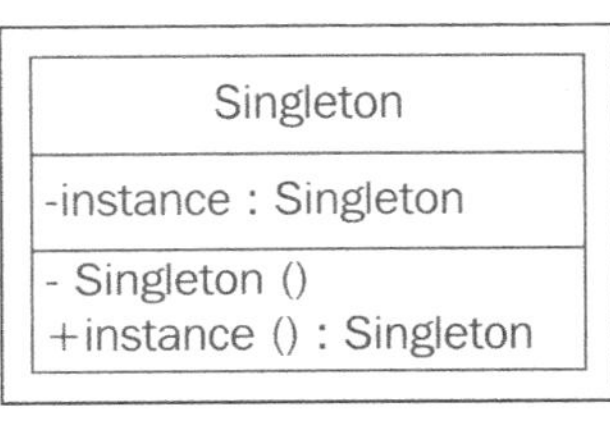

图 2-1

实现单例模式的一个简单方法是，使构造函数私有化，并创建一个静态方法来完成对象的初始化。这样，对象将在第一次调用时创建，此后，这个类将返回同一个对象。

在使用 Python 的时候，我们的实现方式要有所变通，因为它无法创建私有的构造函数。下面，我们一起看看如何利用 Python 语言来实现单例模式。

利用 Python 实现经典的单例模式

下面是基于 Python v3.5 的单例模式实现代码，它主要完成了两件事情。

1. 只允许 `Singleton` 类生成一个实例。
2. 如果已经有一个实例了，我们会重复提供同一个对象。

具体代码如下所示：

```
class Singleton(object):
     def __new__(cls):
       if not hasattr(cls, 'instance'):
         cls.instance = super(Singleton, cls).__new__(cls)
       return cls.instance


s = Singleton()
```

```
    print("Object created", s)

    s1 = Singleton()
    print("Object created", s1)
```

图 2-2 是以上代码的输出结果。

```
Object created <__main__.Singleton object at 0x102078ba8>
Object created <__main__.Singleton object at 0x102078ba8>
```

图 2-2

在上面的代码中，我们通过覆盖__new__方法（Python 用于实例化对象的特殊方法）来控制对象的创建。对象 s 就是由__new__方法创建的，但在创建之前，该方法会检查对象是否已存在。

方法 hasattr（Python 的特殊方法，用来了解对象是否具有某个属性）用于查看对象 cls 是否具有属性 instance，该属性的作用是检查该类是否已经生成了一个对象。当对象 s1 被请求的时候，hasattr()发现对象已经存在，所以，对象 s1 将被分配已有的对象实例（地址位于 0x102078ba8）。

2.2　单例模式中的懒汉式实例化

单例模式的用例之一就是懒汉式实例化。例如，在导入模块的时候，我们可能会无意中创建一个对象，但当时根本用不到它。懒汉式实例化能够确保在实际需要时才创建对象。所以，懒汉式实例化是一种节约资源并仅在需要时才创建它们的方式。

在下面的代码示例中，执行 s = singleton()的时候，它会调用__init__方法，但没有新的对象被创建。然而，实际的对象创建发生在调用 Singleton.getInstance()的时候，我们正是通过这种方式来实现懒汉式实例化的。

```
class Singleton:
    __instance = None
    def __init__(self):
        if not Singleton.__instance:
            print(" __init__ method called..")
        else:
            print("Instance already created:", self.getInstance())
    @classmethod
    def getInstance(cls):
        if not cls.__instance:
```

```
            cls.__instance = Singleton()
        return cls.__instance


s = Singleton() ## class initialized, but object not created
print("Object created", Singleton.getInstance()) # Object gets created
here
s1 = Singleton() ## instance already created
```

2.3 模块级别的单例模式

默认情况下，所有的模块都是单例，这是由 Python 的导入行为所决定的。

Python 通过下列方式来工作。

1．检查一个 Python 模块是否已经导入。

2．如果已经导入，则返回该模块的对象。如果还没有导入，则导入该模块，并实例化。

3．因此，当模块被导入的时候，它就会被初始化。然而，当同一个模块被再次导入的时候，它不会再次初始化，因为单例模式只能有一个对象，所以，它会返回同一个对象。

2.4 Monostate 单例模式

这里我们讨论的是 GoF（the Gang of Four，GoF）编写的设计模式图书中的“第 1 章，设计模式入门”中的相关内容。GoF（the Gang of Four，GoF）的单例设计模式是指，一个类有且只有一个对象。然而，根据 Alex Martelli 的说法，通常程序员需要的是让实例共享相同的状态。他建议开发人员应该关注状态和行为，而不是同一性。由于该概念基于所有对象共享相同状态，因此它也被称为 Monostate（单态）模式。

Monostate 模式可以通过 Python 轻松实现。在下面的代码中，我们将类变量 `__shared_state` 赋给了变量 `__dict__`（它是 Python 的一个特殊变量）。Python 使用 `__dict__` 存储一个类所有对象的状态。在下面的代码中，我们故意把 `__shared_state` 赋给所有已经创建的实例。所以，如果我们创建了两个实例“`b`”和“`b1`”，我们将得到两个不同的对象，这一点与单例模式大为不同，后者只能生成一个对象。然而，对象的状态，即 `b.__dict__` 和 `b1.__dict__` 却是相同的。现在，就算对象 `b` 的对象变量 `x` 发生了变化，这个变化也会复制到被所有对象共享的__dict__变量，即 b1 的变量 x 的值也会从 1 变为 4。

```
class Borg:
    __shared_state = {"1":"2"}
    def __init__(self):
        self.x = 1
        self.__dict__ = self.__shared_state
        pass

b = Borg()
b1 = Borg()
b.x = 4

print("Borg Object 'b': ", b) ## b and b1 are distinct objects
print("Borg Object 'b1': ", b1)
print("Object State 'b':", b.__dict__)## b and b1 share same state
print("Object State 'b1':", b1.__dict__)
```

图 2-3 是以上代码的输出。

```
Borg Object 'b':  <__main__.Borg object at 0x102078da0>
Borg Object 'b1':  <__main__.Borg object at 0x102078dd8>
Object State 'b': {'x': 4, '1': '2'}
Object State 'b1': {'x': 4, '1': '2'}
```

图 2-3

除此之外，我们还可以通过修改__new__方法本身来实现 Borg 模式。我们知道，__new__方法是用来创建对象的实例的，具体如下所示：

```
class Borg(object):
     _shared_state = {}
     def __new__(cls, *args, **kwargs):
       obj = super(Borg, cls).__new__(cls, *args, **kwargs)
       obj.__dict__ = cls._shared_state
       return obj
```

2.5 单例和元类

让我们先来了解一下元类。元类是一个类的类，这意味着该类是它的元类的实例。使用元类，程序员有机会从预定义的 Python 类创建自己类型的类。例如，如果你有一个对象

MyClass，你可以创建一个元类 MyKls，它按照你需要的方式重新定义 MyClass 的行为。下面，让我们来深入介绍它们。

在 Python 中，一切皆对象。如果我们说 a=5，则 type(a)返回<type'int'>，这意味着 a 是 int 类型。但是，type(int)返回<type'type'>，这表明存在一个元类，因为 int 是 type 类型的类。

类的定义由它的元类决定，所以当我们用类 A 创建一个类时，Python 通过 A=type(name,bases,dict)创建它。

- name：这是类的名称。
- base：这是基类。
- dict：这是属性变量。

现在，如果一个类有一个预定义的元类（名为 Metals），那么 Python 就会通过 A=MetaKls(name,bases,dict)来创建类。

让我们看看在 Python 3.5 中的一个示例元类的实现：

```
class MyInt(type):
    def __call__(cls, *args, **kwds):
        print("***** Here's My int *****", args)
        print("Now do whatever you want with these objects...")
        return type.__call__(cls, *args, **kwds)


class int(metaclass=MyInt):
    def __init__(self, x, y):
        self.x = x
        self.y = y


i = int(4,5)
```

图 2-4 是上述代码的输出。

```
***** Here's My int ***** (4, 5)
Now do whatever you want with these objects...
```

图 2-4

对于已经存在的类来说，当需要创建对象时，将调用 Python 的特殊方法__call__。在这段代码中，当我们使用 int(4,5)实例化 int 类时，MyInt 元类的__call__方法将被调用，这意味着现在元类控制着对象的实例化。

前面的思路同样适用于单例设计模式。由于元类对类创建和对象实例化有更多的控制权，所以它可以用于创建单例。（注意：为了控制类的创建和初始化，元类将覆盖`__new__`和`__init__`方法。）

以下示例代码能够更好地帮我们解释基于元类的单例实现：

```
class MetaSingleton(type):
    _instances = {}
    def __call__(cls, *args, **kwargs):
        if cls not in cls._instances:
            cls._instances[cls] = super(MetaSingleton, \
                cls). __call__(*args, **kwargs)
        return cls._instances[cls]


class Logger(metaclass=MetaSingleton):
    pass


logger1 = Logger()
logger2 = Logger()
print(logger1, logger2)
```

2.6 单例模式Ⅰ

作为一个实际的用例，我们将通过一个数据库应用程序来展示单例的应用。这里不妨以需要对数据库进行多种读取和写入操作的云服务为例进行讲解。完整的云服务被分解为多个服务，每个服务执行不同的数据库操作。针对 UI（Web 应用程序）上的操作将导致调用 API，最终产生相应的 DB 操作。

很明显，跨不同服务的共享资源是数据库本身。因此，如果我们需要更好地设计云服务，必须注意以下几点。

- 数据库中操作的一致性，即一个操作不应与其他操作发生冲突。
- 优化数据库的各种操作，以提高内存和 CPU 的利用率。

这里提供了一个示例 Python 实现：

```
import sqlite3
class MetaSingleton(type):
    _instances = {}
```

```
    def __call__(cls, *args, **kwargs):
        if cls not in cls._instances:
            cls._instances[cls] = super(MetaSingleton, \
                cls). __call__(*args, **kwargs)
        return cls._instances[cls]

class Database(metaclass=MetaSingleton):
  connection = None
  def connect(self):
    if self.connection is None:
        self.connection = sqlite3.connect("db.sqlite3")
        self.cursorobj = self.connection.cursor()
    return self.cursorobj

db1 = Database().connect()
db2 = Database().connect()

print ("Database Objects DB1", db1)
print ("Database Objects DB2", db2)
```

上面代码的输出如图 2-5 所示。

```
Database Objects DB1 <sqlite3.Cursor object at 0x102464570>
Database Objects DB2 <sqlite3.Cursor object at 0x102464570>
```

图 2-5

通过阅读上面的代码，我们会发现以下几点。

1. 我们以 MetaSingleton 为名创建了一个元类。就像在上一节中解释的那样，Python 的特殊方法__call__可以通过元类创建单例。

2. 数据库类由 MetaSingleton 类装饰后，其行为就会表现为单例。因此，当数据库类被实例化时，它只创建一个对象。

3. 当 Web 应用程序对数据库执行某些操作时，它会多次实例化数据库类，但只创建一个对象。因为只有一个对象，所以对数据库的调用是同步的。此外，这样还能够节约系统资源，并且可以避免消耗过多的内存或 CPU 资源。

假如我们要开发的不是单个 Web 应用程序，而是集群化的情形，即多个 Web 应用共享单个数据库。当然，单例在这种情况下好像不太好使，因为每增加一个 Web 应用程序，就要新建一个单例，添加一个新的对象来查询数据库。这导致数据库操作无法同步，并且要耗费大量的资源。在这种情况下，数据库连接池比实现单例要好得多。

2.7 单例模式II

让我们考虑另一种情况，即为基础设施提供运行状况监控服务（就像Nagios所作的那样）。我们创建了HealthCheck类，它作为单例实现。我们还要维护一个被监控的服务器列表。当一个服务器从这个列表中删除时，监控软件应该觉察到这一情况，并从被监控的服务器列表中将其删除。

在下面的代码中，hc1和hc2对象与单例中的类相同。

我们可以使用addServer()方法将服务器添加到基础设施中，以进行运行状况检查。首先，通过迭代对这些服务器的运行状况进行检查。之后，changeServer()方法会删除最后一个服务器，并向计划进行运行状况检查的基础设施中添加一个新服务器。因此，当运行状况检查进行第二次迭代时，它会使用修改后的服务器列表。

所有这一切都可以借助单例模式来完成。当添加或删除服务器时，运行状况的检查工作必须由了解基础设施变动情况的同一个对象来完成：

```
class HealthCheck:
    _instance = None
    def __new__(cls, *args, **kwargs):
        if not HealthCheck._instance:
            HealthCheck._instance = super(HealthCheck, \
                cls). __new__(cls, *args, **kwargs)
        return HealthCheck._instance
    def __init__(self):
        self._servers = []
    def addServer(self):
        self._servers.append("Server 1")
        self._servers.append("Server 2")
        self._servers.append("Server 3")
        self._servers.append("Server 4")
    def changeServer(self):
        self._servers.pop()
        self._servers.append("Server 5")

hc1 = HealthCheck()
hc2 = HealthCheck()

hc1.addServer()
print("Schedule health check for servers (1)..")
```

```
for i in range(4):
    print("Checking ", hc1._servers[i])

hc2.changeServer()
print("Schedule health check for servers (2)..")
for i in range(4):
    print("Checking ", hc2._servers[i])
```

代码的输出如图 2-6 所示。

```
Schedule health check for servers (1)..
Checking  Server 1
Checking  Server 2
Checking  Server 3
Checking  Server 4
Schedule health check for servers (2)..
Checking  Server 1
Checking  Server 2
Checking  Server 3
Checking  Server 5
```

图 2-6

2.8　单例模式的缺点

虽然单例模式在许多情况下效果很好，但这种模式仍然存在一些缺陷。由于单例具有全局访问权限，因此可能会出现以下问题。

- 全局变量可能在某处已经被误改，但是开发人员仍然认为它们没有发生变化，而该变量还在应用程序的其他位置被使用。
- 可能会对同一对象创建多个引用。由于单例只创建一个对象，因此这种情况下会对同一个对象创建多个引用。
- 所有依赖于全局变量的类都会由于一个类的改变而紧密耦合为全局数据，从而可能在无意中影响另一个类。

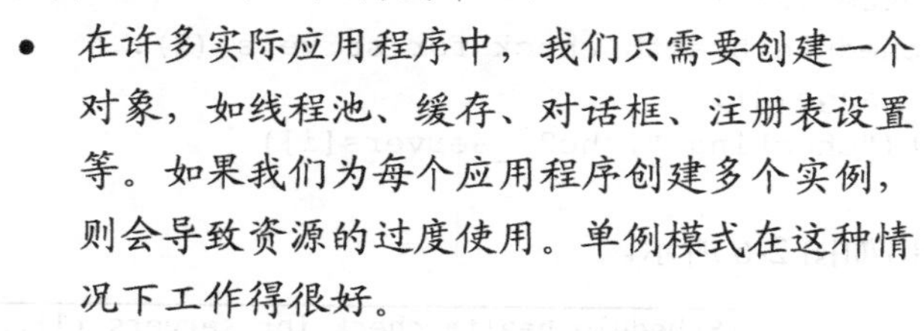

提示：

在本章中，我们学习了关于单例的许多内容。对于单例模式来说，以下几点需要牢记。

- 在许多实际应用程序中，我们只需要创建一个对象，如线程池、缓存、对话框、注册表设置等。如果我们为每个应用程序创建多个实例，则会导致资源的过度使用。单例模式在这种情况下工作得很好。
- 单例是一种经过时间考验的成熟方法，能够在不带来太多缺陷的情况下提供全局访问点。
- 当然，该模式也有几个缺点。当使用全局变量或类的实例化非常耗费资源但最终却没有用到它们的情况下，单例的影响可以忽略不计。

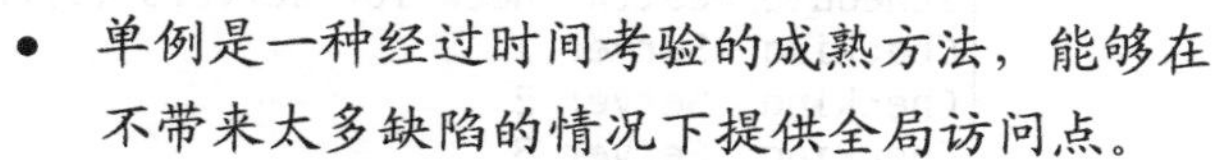

2.9 小结

在本章中，我们介绍了单例设计模式及其应用的上下文。我们知道，当要求一个类只有一个对象时，就可以使用单例模式。

我们还研究了利用 Python 实现单例模式的各种方法。对于经典的实现方式来说，允许进行多次实例化，但返回同一个对象。

我们还讨论了 Borg 或 Monostate 模式，这是单例模式的一个变体。Borg 允许创建共享相同状态的多个对象，这与 GoF 描述的单例模式有所不同。

之后，我们继续探讨了 Web 应用程序，其中单例模式可以用于在多个服务间实现一致的数据库操作。

最后，我们还研究了单例可能出现的错误，以及开发人员需要避免的情况。

在本章内容的基础上，读者就可以顺利研究其他创建型模式并从中获益了。

在下一章中，我们将考察其他创建型模式和工厂设计模式，介绍工厂方法和抽象工厂模式，并通过 Python 的代码示例来加深理解。

第 3 章
工厂模式：建立创建对象的工厂

在上一章中，你已经了解了什么是单例设计模式，以及如何通过 Python 实现该设计模式并将其应用到现实世界中。我们知道，单例设计模式是一种创建型设计模式。在这一章中，我们继续学习另一种创建型模式，即工厂模式。

工厂模式可以说是最常用的设计模式。在这一章中，我们将了解工厂的概念，并深入探讨简单工厂模式。然后，本章将通过 UML 图来介绍工厂方法模式和抽象工厂模式，了解现实世界的应用场景以及基于 Python v3.5 的实现。此外，我们还会对工厂方法和抽象工厂方法进行比较。

在本章中，我们将简要介绍以下主题：

- 了解简单工厂设计模式；
- 讨论工厂方法和抽象工厂方法及其差异；
- 利用 Python 代码实现真实场景；
- 讨论模式的优缺点并进行相应的比较。

3.1 了解工厂模式

在面向对象编程中，术语“工厂”表示一个负责创建其他类型对象的类。通常情况下，作为一个工厂的类有一个对象以及与它关联的多个方法。客户端使用某些参数调用此方法，之后，工厂会据此创建所需类型的对象，然后将它们返回给客户端。

所以，这里的问题实际上是，既然客户端可以直接创建对象，那为什么我们还需要一个工厂呢？答案在于，工厂具有下列优点。

- 松耦合，即对象的创建可以独立于类的实现。
- 客户端无需了解创建对象的类，但是照样可以使用它来创建对象。它只需要知道需要传递的接口、方法和参数，就能够创建所需类型的对象了。这简化了客户端的实现。
- 可以轻松地在工厂中添加其他类来创建其他类型的对象，而这无需更改客户端代码。最简单的情况下，客户端只需要传递另一个参数就可以了。
- 工厂还可以重用现有对象。但是，如果客户端直接创建对象的话，总是创建一个新对象。

让我们探讨制造玩具车或玩偶的公司的情况。假设公司里的一台机器目前正在制造玩具车。后来，公司的CEO认为，迫切需要根据市场的需求来制造玩偶。这时，工厂模式就派上用场了。在这种情况下，机器成为接口，CEO是客户端。CEO只关心要制造的对象（或玩具）和创建对象的接口——机器。

Factory模式有3种变体，如下所示。

- **简单工厂模式：**允许接口创建对象，但不会暴露对象的创建逻辑。
- **工厂方法模式：**允许接口创建对象，但使用哪个类来创建对象，则是交由子类决定的。
- **抽象工厂模式：**抽象工厂是一个能够创建一系列相关的对象而无需指定/公开其具体类的接口。该模式能够提供其他工厂的对象，在其内部创建其他对象。

3.2 简单工厂模式

对于一些人来说，简单工厂本身不是一种模式。开发人员在进一步了解这个概念之前，首先需要详细了解工厂方法和抽象工厂方法。工厂可以帮助开发人员创建不同类型的对象，而不是直接将对象实例化。

图3-1是简单工厂的UML图，将有助于我们理解这一点。这里，客户端类使用的是`Factory`类，该类具有`create_type()`方法。当客户端使用类型参数调用`create_type()`方法时，`Factory`会根据传入的参数，返回`Product1`或`Product2`。

现在，让我们借助Python v3.5代码示例来进一步理解简单工厂模式。在下面的代码段中，我们将创建一个名为`Animal`的抽象产品。`Animal`是一个抽象的基类

（ABCMeta 是 Python 的特殊元类，用来生成类 Abstract），它带有方法 do_say()。我们利用 Animal 接口创建了两种产品（Cat 和 Dog），并实现了 do_say() 方法来提供这些动物的相应的叫声。ForestFactory 是一个带有 make_sound() 方法的工厂。根据客户端传递的参数类型，它就可以在运行时创建适当的 Animal 实例，并输出正确的声音：

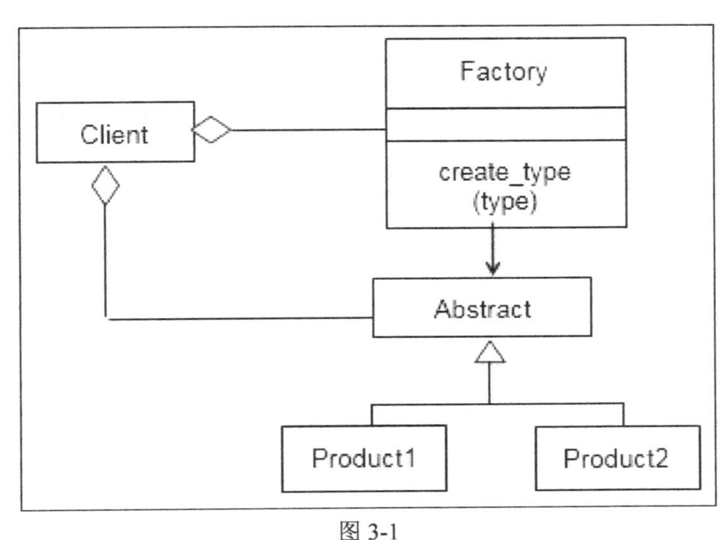

图 3-1

```
from abc import ABCMeta, abstractmethod

class Animal(metaclass = ABCMeta):
    @abstractmethod
    def do_say(self):
        pass

class Dog(Animal):
    def do_say(self):
        print("Bhow Bhow!!")

class Cat(Animal):
    def do_say(self):
        print("Meow Meow!!")


## forest factory defined
class ForestFactory(object):
    def make_sound(self, object_type):
```

```
            return eval(object_type)().do_say()

    ## client code
    if __name__ == '__main__':
        ff = ForestFactory()
        animal = input("Which animal should make_sound Dog or Cat?")
        ff.make_sound(animal)
```

图3-2是上述代码段的输出。

```
Which animal should make_sound Dog or Cat?Cat
Meow Meow!!
```

图3-2

3.3 工厂方法模式

以下几点可以帮助我们了解工厂方法模式。

- 我们定义了一个接口来创建对象，但是工厂本身并不负责创建对象，而是将这一任务交由子类来完成，即子类决定了要实例化哪些类。
- Factory方法的创建是通过继承而不是通过实例化来完成的。
- 工厂方法使设计更加具有可定制性。它可以返回相同的实例或子类，而不是某种类型的对象（就像在简单工厂方法中的那样）。

在图3-3所示的UML图中，有一个包含factoryMethod()方法的抽象类Creator。FactoryMethod()方法负责创建指定类型的对象。ConcreteCreator类提供了一个实现Creator抽象类的factoryMethod()方法，这种方法可以在运行时修改已创建的对象。ConcreteCreator创建ConcreteProduct，并确保其创建的对象实现了Product类，同时为Product接口中的所有方法提供相应的实现。

简而言之，Creator接口的factoryMethod()方法和ConcreteCreator类共同决定了要创建Product的哪个子类。因此，工厂方法模式定义了一个接口来创建对象，但具体实例化哪个类则是由它的子类决定的。

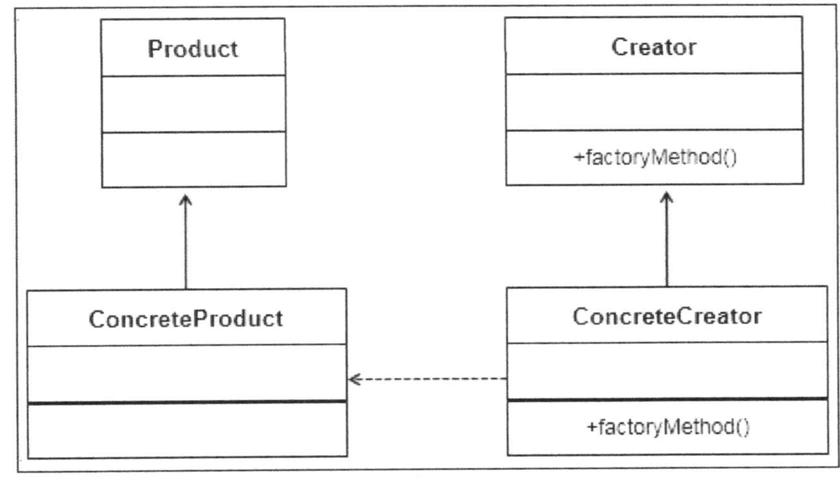

图 3-3

3.3.1 实现工厂方法

让我们拿一个现实世界的场景来理解工厂方法的实现。假设我们想在不同类型的社交网络（例如 LinkedIn、Facebook 等）上为个人或公司建立简介。那么，每个简介都有某些特定的组成章节。在 LinkedIn 的简介中，有一个章节是关于个人申请的专利或出版作品的。在 Facebook 上，你将在相册中看到最近度假地点的照片区。此外，在这两个简介中，都有一个个人信息的区。因此，简而言之，我们要通过将正确的区添加到相应的简介中来创建不同类型的简介。

下面让我们来看看具体如何实现。在下面的代码示例中，首先定义接口 `Product`。我们将创建一个 Section 抽象类来定义一个区是关于哪方面内容的，让它尽量保持简单，同时还提供一个抽象方法 `describe()`。

然后，我们会创建多个 `ConcreteProduct`、`PersonalSection`、`AlbumSection`、`PatentSection` 和 `PublicationSection` 类。这些类用于实现 `describe()` 抽象方法并打印它们各自的区名称：

```
from abc import ABCMeta, abstractmethod


class Section(metaclass=ABCMeta):
    @abstractmethod
    def describe(self):
        pass
```

```
class PersonalSection(Section):
    def describe(self):
        print("Personal Section")


class AlbumSection(Section):
    def describe(self):
        print("Album Section")


class PatentSection(Section):
    def describe(self):
        print("Patent Section")


class PublicationSection(Section):
    def describe(self):
        print("Publication Section")
```

我们创建了一个名为 Profile 的抽象类 Creator。Profile [Creator]抽象类提供了一个工厂方法，即 createProfile()。createProfile()方法应该由 ConcreteCreator 实现，来实际创建带有适当区的简介。Profile 抽象类不知道每个简介应具有哪些区。例如，Facebook 的简介应该提供个人信息区和相册区。所以，我们将让子类来决定这些事情。

我们创建了两个 ConcreteCreator 类，即 linkedin 和 facebook。每个类都实现 createProfile()抽象方法，由该方法在运行时实际创建（实例化）多个区(ConcreteProducts)：

```
class Profile(metaclass=ABCMeta):
    def __init__(self):
        self.sections = []
        self.createProfile()
    @abstractmethod
    def createProfile(self):
        pass
    def getSections(self):
        return self.sections
    def addSections(self, section):
        self.sections.append(section)
```

```
class linkedin(Profile):
    def createProfile(self):
        self.addSections(PersonalSection())
        self.addSections(PatentSection())
        self.addSections(PublicationSection())


class facebook(Profile):
    def createProfile(self):
        self.addSections(PersonalSection())
        self.addSections(AlbumSection())
```

最后，我们开始编写决定实例化哪个 Creator 类的客户端代码，以便让它根据指定的选项创建所需的简介：

```
if __name__ == '__main__':
    profile_type = input("Which Profile you'd like to create?
[LinkedIn or FaceBook]")
    profile = eval(profile_type.lower())()
    print("Creating Profile..", type(profile). __name__)
    print("Profile has sections --", profile.getSections())
```

现在，如果你运行完整的代码，它会首先要求输入要创建的简介名称。在图 3-4 中，我们以 Facebook 为例。然后，它实例化 facebook [ConcreateCreator]类。它会在内部创建 ConcreteProduct，也就是说，将实例化 PersonalSection 和 AlbumSection。如果选择 Linkedin，则会创建 PersonalSection、PatentSection 和 PublicationSection。

上述代码段的输出如图 3-4 所示。

```
Which Profile you'd like to create? [LinkedIn or FaceBook]FaceBook
Creating Profile.. facebook
Profile has sections -- [<__main__.PersonalSection object at 0x101988b00>, <__main__.AlbumSection object at 0x101988b38>]
```

图 3-4

3.3.2 工厂方法模式的优点

在前面部分，你已经学习了工厂方法模式，并掌握了工厂方法的实现，接下来让我们看看工厂方法模式的优点。

- 它具有更大的灵活性，使得代码更加通用，因为它不是单纯地实例化某个类。这样，实现哪些类取决于接口（Product），而不是 ConcreteProduct 类。

- 它们是松耦合的，因为创建对象的代码与使用它的代码是分开的。客户端完全不需要关心要传递哪些参数以及需要实例化哪些类。由于添加新类更加容易，所以降低了维护成本。

3.4 抽象工厂模式

抽象工厂模式的主要目的是提供一个接口来创建一系列相关对象，而无需指定具体的类。工厂方法将创建实例的任务委托给了子类，而抽象工厂方法的目标是创建一系列相关对象。如图 3-5 所示，ConcreteFactory1 和 ConcreteFactory2 是通过 AbstractFactory 接口创建的。此接口具有创建多种产品的相应方法。

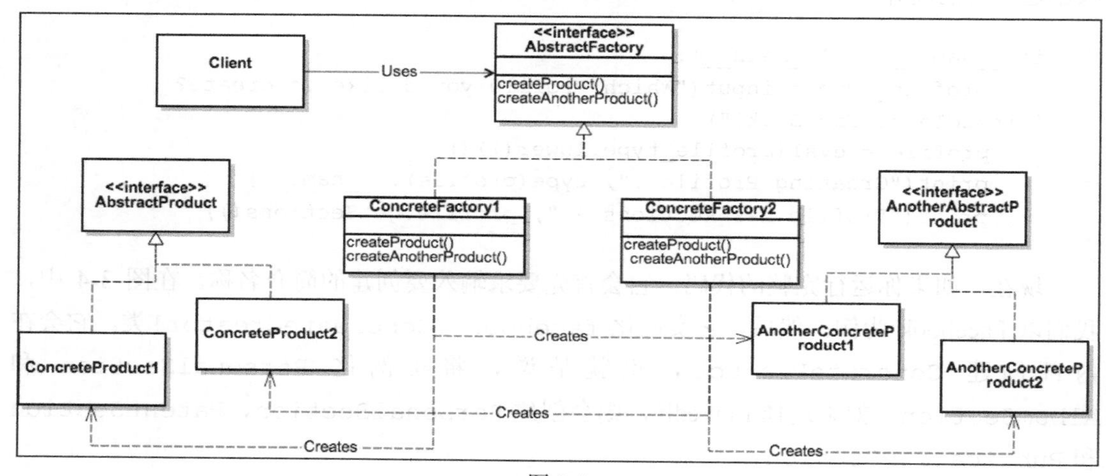

图 3-5

ConcreteFactory1 和 ConcreteFactory2 实现了 AbstractFactory，并创建实例 ConcreteProduct1、ConcreteProduct2、AnotherConcreteProduct1 和 AnotherConcreteProduct2。

在这里，ConcreteProduct1 和 ConcreteProduct2 是通过 AbstractProduct 接口创建的，而 AnotherConcreteProduct1 和 AnotherConcreteProduct2 则是通过 AnotherAbstractProduct 接口创建的。

实际上，抽象工厂模式不仅确保客户端与对象的创建相互隔离，同时还确保客户端能够使用创建的对象。但是，客户端只能通过接口访问对象。如果要使用一个系列中的多个产品，那么抽象工厂模式能够帮助客户端一次使用来自一个产品/系列的多个对象。例如，如果正在开发的应用应该是平台无关的，则它需要对各种依赖项进行抽象处理，这些依赖项包括操作系统、文件系统调用，等等。抽象工厂模式负责为整个平台创建所需的服务，这样的话，客户端就不必直接创建平台对象了。

实现抽象工厂模式

设想一下你最喜欢的披萨饼店的情况。它提供多种披萨饼，对吧？等等，我知道你想立即订购一份，现在让我们讨论这个场景吧！

现在，想象一下，我们开办了一家披萨店，供应美味的印式和美式披萨饼。为此，我们首先创建一个抽象基类——PizzaFactory（AbstractFactory 见前面的 UML 图）。PizzaFactory类有两个抽象方法即createVegPizza()和createNonVegPizza()，它们需要通过 ConcreteFactory 实现。在这个例子中，我们创造了两个具体的工厂，分别名为 IndianPizzaFactory 和 USPizzaFactory。下面让我们看看这两个具体工厂的实现代码：

```
from abc import ABCMeta, abstractmethod


class PizzaFactory(metaclass=ABCMeta):

    @abstractmethod
    def createVegPizza(self):
        pass

    @abstractmethod
    def createNonVegPizza(self):
        pass

class IndianPizzaFactory(PizzaFactory):

    def createVegPizza(self):
        return DeluxVeggiePizza()

    def createNonVegPizza(self):
        return ChickenPizza()


class USPizzaFactory(PizzaFactory):
```

```
    def createVegPizza(self):
        return MexicanVegPizza()

    def createNonVegPizza(self):
        return HamPizza()
```

现在，让我们进一步定义 AbstractProducts。在下面的代码中，我们将创建两个抽象类：VegPizza 和 NonVegPizza（AbstractProduct 和 AnotherAbstract Product 见前面的 UML 图）。它们都定义了自己的方法，分别是 prepare()和 serve()。

这里的想法是，素食披萨饼配有适当的外皮、蔬菜和调味料，非素食披萨饼在素食披萨饼上面搭配非素食食材。

然后我们为每个 AbstractProducts 定义 ConcreteProducts。现在，就本例而言，我们将创建 DeluxVeggiePizza 和 MexicanVegPizza，并实现 prepare()方法。ConcreteProducts1 和 ConcreteProducts2 将代表 UML 图中的这些类。

接下来，我们来定义 ChickenPizza 和 HamPizza，并实现 server()方法——它们代表 AnotherConcreteProducts1 和 AnotherConcreteProducts2：

```
class VegPizza(metaclass=ABCMeta):
    @abstractmethod
    def prepare(self, VegPizza):
        pass

class NonVegPizza(metaclass=ABCMeta):
    @abstractmethod
    def serve(self, VegPizza):
        pass

class DeluxVeggiePizza(VegPizza):
    def prepare(self):
        print("Prepare ", type(self).__name__)

class ChickenPizza(NonVegPizza):
    def serve(self, VegPizza):
        print(type(self).__name__, " is served with Chicken on ",
type(VegPizza).__name__)

class MexicanVegPizza(VegPizza):
```

```
    def prepare(self):
        print("Prepare ", type(self). __name__)

class HamPizza(NonVegPizza):
    def serve(self, VegPizza):
        print(type(self). __name__, " is served with Ham on ",
type(VegPizza). __name__)
```

当最终用户来到 PizzaStore 并要一份美式非素食披萨的时候，USPizzaFactory 负责准备素食，然后在上面加上火腿，马上就变成非素食披萨了！

```
class PizzaStore:
    def __init__(self):
        pass
    def makePizzas(self):
        for factory in [IndianPizzaFactory(), USPizzaFactory()]:
            self.factory = factory
            self.NonVegPizza = self.factory.createNonVegPizza()
            self.VegPizza = self.factory.createVegPizza()
            self.VegPizza.prepare()
            self.NonVegPizza.serve(self.VegPizza)


pizza = PizzaStore()
pizza.makePizzas()
```

上述示例代码的输出如图 3-6 所示。

```
Prepare  DeluxVeggiePizza
ChickenPizza  is served with Chicken on  DeluxVeggiePizza
Prepare  MexicanVegPizza
HamPizza  is served with Ham on  MexicanVegPizza
```

图 3-6

3.5 工厂方法与抽象工厂方法

现在，你已经学习了工厂方法和抽象工厂方法，让我们对两者进行一番比较。

表 3-1

工 厂 方 法	抽象工厂方法
它向客户端开放了一个创建对象的方法	抽象工厂方法包含一个或多个工厂方法来创建一个系列的相关对象
它使用继承和子类来决定要创建哪个对象	它使用组合将创建对象的任务委托给其他类
工厂方法用于创建一个产品	抽象工厂方法用于创建相关产品的系列

3.6 小结

在本章中，我们介绍了工厂设计模式及其使用的上下文。同时，我们还讲解了工厂的基础知识，以及如何在软件架构中有效地使用它。

我们还考察了简单工厂，它可以在运行时根据客户端传入的参数类型来创建相应的实例。

我们还讨论了工厂方法模式，它是简单工厂的一个变体。在这种模式中，我们定义了一个接口来创建对象，但是对象的创建却是交由子类完成的。

我们接着探索了抽象工厂方法，它提供了一个接口，无需指定具体的类就能创建一系列的相关对象。

此外，对于这 3 种模式，我们都提供了实际的 Python 实现，并比较了工厂方法与抽象工厂方法。

最后，我们已经准备好进一步研究其他类型的模式，敬请期待。

第 4 章
门面模式——与门面相适

在上一章中，你已经学习了工厂设计模式。并讨论了该模式的 3 种变体——简单工厂、工厂方法和抽象工厂模式。此外，你还学习了如何将它们应用于现实世界，并给出了相应的 Python 实现。我们还将工厂方法与抽象工厂模式进行了一番比较，并列出了其优缺点。我们知道，无论工厂设计模式还是单例设计模式（参见第 2 章），都属于创建型设计模式。

在这一章中，我们继续学习另外一种类型的设计模式，即结构型设计模式。这里，我们要介绍的是门面设计模式，以及如何将其应用于软件应用程序开发。我们将提供一个示例，并通过 Python v3.5 实现了该示例。

简而言之，我们将在本章中讨论下列主题：

- 结构型设计模式概要；
- 利用 UML 图理解门面设计模式；
- 提供了 Python v3.5 实现代码的真实用例；
- 门面模式与最少知识原则。

4.1 理解结构型设计模式

以下几点将有助于我们更好地了解结构型设计模式。

- 结构型模式描述如何将对象和类组合成更大的结构。
- 结构型模式是一种能够简化设计工作的模式，因为它能够找出更简单的方法来认识或表示实体之间的关系。在面向对象世界中，实体指的是对象或类。

- 类模式可以通过继承来描述抽象，从而提供更有用的程序接口，而对象模式则描述了如何将对象联系起来从而组合成更大的对象。结构型模式是类和对象模式的综合体。

下面给出结构型设计模式的几个例子。你会注意到，它们都是通过对象或类之间的交互来实现更高级的设计或架构目标的。

下面是一些结构型设计模式的例子。

- 适配器模式：将一个接口转换成客户希望的另外一个接口。它试图根据客户端的需求来匹配不同类的接口。
- 桥接模式：该模式将对象的接口与其实现进行解耦，使得两者可以独立工作。
- 装饰器模式：该模式允许在运行时或以动态方式为对象添加职责。我们可以通过接口给对象添加某些属性。

除此之外，本书还会介绍其他一些结构型模式。所以，让我们首先从门面设计模式开始学起。

4.2 理解门面设计模式

门面（facade）通常是指建筑物的表面，尤其是最有吸引力的那一面。它也可以表示一种容易让人误解某人的真实感受或情况的行为或面貌。当人们从建筑物外面经过时，可以欣赏其外部面貌，却不了解建筑物结构的复杂性。这就是门面模式的使用方式。门面在隐藏内部系统复杂性的同时，为客户端提供了一个接口，以便它们可以非常轻松地访问系统。

下面，我们以店主为例进行介绍。现在，假设你要到某个商店去买东西，但是你对这个商店的布局并不清楚。通常情况下，你会去找店主，因为店主对整个商店都很清楚。只要你告诉他/她要买什么，店主就会把这些商品拿给你。这不是很容易吗？顾客不必了解店面的情况，可以通过一个简单的接口来完成购物，这里的接口就是店主。

门面设计模式实际上完成了下列事项。

- 它为子系统中的一组接口提供一个统一的接口，并定义一个高级接口来帮助客户端通过更加简单的方式使用子系统。
- 门面所解决问题是，如何用单个接口对象来表示复杂的子系统。实际上，它并不是封装子系统，而是对底层子系统进行组合。

- 它促进了实现与多个客户端的解耦。

4.3 UML 类图

现在,我们可以借助于图 4-1 的 UML 图来深入探讨门面模式。

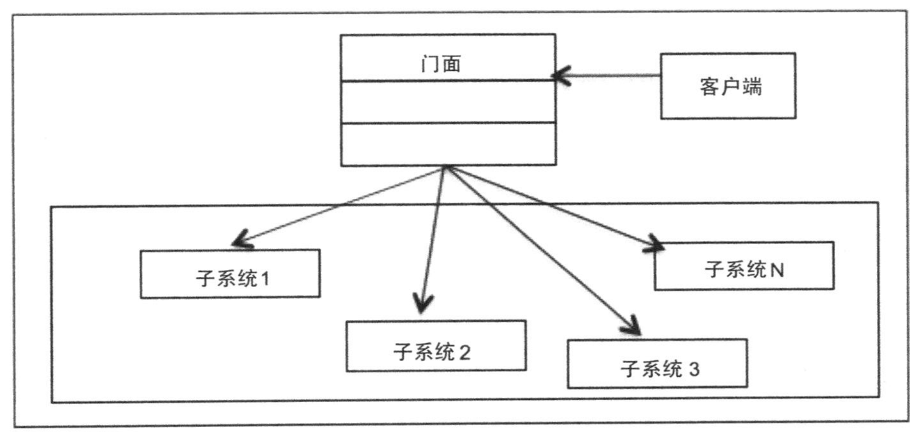

图 4-1

就像你在 UML 图中看到的那样，这个模式有 3 个主要的参与者。

- 门面：门面的主要责任是，将一组复杂系统封装起来，从而为外部世界提供一个舒适的外观。
- 系统：这代表一组不同的子系统，使整个系统混杂在一起，难以观察或使用。
- 客户端：客户端与门面进行交互，这样就可以轻松地与子系统进行通信并完成工作了。不必担心系统的复杂性。

现在，我们将会从数据结构的角度进一步介绍这 3 个主要参与者。

4.3.1 门面

以下几点可以帮助我们更好地理解门面。

- 它是一个接口，它知道某个请求可以交由哪个子系统进行处理。
- 它使用组合将客户端的请求委派给相应的子系统对象。

例如，如果客户端正在了解哪些工作已完成，则不需要到各个子系统去，相反，它只需要联系完成工作的接口（门面）就可以了。

4.3.2 系统

在门面的世界里，系统就是执行以下操作的实体。

- 它实现子系统的功能，同时，系统由一个类表示。理想情况下，系统应该由一组负责不同任务的类来表示。
- 它处理门面对象分配的工作，但并不知道门面，而且不引用它。

例如，当客户端向门面请求某项服务时，门面会根据服务的类型来选择提供该服务的相应子系统。

4.3.3 客户端

以下是我们对客户端的描述。

- 客户端是实例化门面的类。
- 为了让子系统完成相应的工作，客户端需要向门面提出请求。

4.4 在现实世界中实现门面模式

为了演示门面模式的应用，让我们举个生活中会遇到的例子。

假设你要在家中举行一场婚礼，并且由你来张罗这一切。这真是一个艰巨的任务。你必须预订一家酒店或场地，与餐饮人员交代酒菜、布置场景，并安排背景音乐。

在不久以前，你已经自己搞定了一切，例如找相关人员谈话、与他们进行协调、敲定价格等，那么现在你就很轻松了。此外，你还可以去找会务经理，让他/她为你处理这些事情。会务经理负责跟各个服务提供商交涉，并为你争取最优惠的价格。

下面我们从门面模式的角度来看待这些事情。

- 客户端：你需要在婚礼前及时完成所有的准备工作。每一项安排都应该是顶级的，这样客人才会喜欢这些庆祝活动。
- 门面：会务经理负责与所有相关人员进行交涉，这些人员负责处理食物、花卉装饰等。

- 子系统：它们代表提供餐饮、酒店管理和花卉装饰等服务的系统。

现在，让我们利用 Python v3.5 开发一个应用程序，实现这个示例。我们首先从客户端开始。记住，你是确保婚姻准备工作和事件顺利的总负责人！

让我们继续，接下来要谈论的是 Facade 类。如前所述，Facade 类简化了客户端的接口。就本例来说，EventManager 扮演了门面的角色，并简化了你的工作。Facade 与子系统进行交流，并代表你为婚姻完成所有的预订和准备工作。下面是 EventManager 类的 Python 代码：

```
class EventManager(object):

    def __init__(self):
        print("Event Manager:: Let me talk to the folks\n")

    def arrange(self):
        self.hotelier = Hotelier()
        self.hotelier.bookHotel()

        self.florist = Florist()
        self.florist.setFlowerRequirements()

        self.caterer = Caterer()
        self.caterer.setCuisine()

        self.musician = Musician()
        self.musician.setMusicType()
```

现在我们已经搞定了门面和客户端，下面让我们开始深入了解子系统。

我们为这个应用场景开发了以下类。

- Hotelier 类用于预订酒店。它有一个方法，用于检查当天是否有可供预订的酒店（__isAvailable）。
- Florist 类负责花卉装饰。这个类提供了 setFlowerRequirements()方法，用于指定要使用哪些种类的花卉来装饰婚礼。
- Caterer 类用于跟备办宴席者打交道，并负责安排餐饮。Caterer 提供了一个公开的 setCuisine()方法，用来指定婚宴的菜肴类型。
- Musician 类用来安排婚礼的音乐，它使用 setMusicType()方法来了解会务的音乐要求。

接下来，让我们先来考察 Hotelier 对象，其次是 Florist 对象及其方法：

```
class Hotelier(object):
    def __init__(self):
        print("Arranging the Hotel for Marriage? --")

    def __isAvailable(self):
        print("Is the Hotel free for the event on given day?")
        return True

    def bookHotel(self):
        if self. __isAvailable():
            print("Registered the Booking\n\n")


class Florist(object):
    def __init__(self):
        print("Flower Decorations for the Event? --")

    def setFlowerRequirements(self):
        print("Carnations, Roses and Lilies would be used for
Decorations\n\n")


class Caterer(object):
    def __init__(self):
        print("Food Arrangements for the Event --")

    def setCuisine(self):
        print("Chinese & Continental Cuisine to be served\n\n")

class Musician(object):
    def __init__(self):
        print("Musical Arrangements for the Marriage --")

    def setMusicType(self):
        print("Jazz and Classical will be played\n\n")
```

但是，你很聪明，所以将这些事情都委托给了会务经理，不是吗？ 让我们来看看 You 类。在本示例中，创建了一个 EventManager 类的对象，这样经理就会通过与相关人员进行交涉来筹备婚礼，而你则可以找个地方喝大茶了。

```
class You(object):
    def __init__(self):
        print("You:: Whoa! Marriage Arrangements??!!!")
    def askEventManager(self):
        print("You:: Let's Contact the Event Manager\n\n")
        em = EventManager()
        em.arrange()
    def __del__(self):
        print("You:: Thanks to Event Manager, all preparations done!
Phew!")

you = You()
you.askEventManager()
```

上面代码的输出结果如图 4-2 所示。

```
You:: Whoa! Marriage Arrangements??!!!
You:: Let's Contact the Event Manager


Event Manager:: Let me talk to the folks

Arranging the Hotel for Marriage? --
Is the Hotel free for the event on given day?
Registered the Booking..


Flower Decorations for the Event? --
Carnations, Roses and Lilies would be used for Decorations


Food Arrangements for the Event --
Chinese & Continental Cuisine to be served


Musical Arrangements for the Marriage --
Jazz and Classical will be played


You:: Thanks to Event Manager, all preparations done! Phew!
```

图 4-2

我们可以通过以下方式将门面模式与真实世界场景相关联。

- EventManager 类是简化接口的门面。
- EventManager 通过组合创建子系统的对象，如 Hotelier、Caterer，等等。

4.5　最少知识原则

正如本章的开始部分介绍的那样，门面为我们提供了一个统一的系统，它使得子系统更加易于使用。它还将客户端与子系统解耦。门面模式背后的设计原理就是最少知识原则。

最少知识原则指导我们减少对象之间的交互，就像跟你亲近的只有某几个朋友那样。实际上，它意味着：

- 在设计系统时，对于创建的每个对象，都应该考察与之交互的类的数量，以及交互的方式；
- 遵循这个原则，就能够避免创建许多彼此紧密耦合的类的情况；
- 如果类之间存在大量依赖关系，那么系统就会变得难以维护。如果对系统中的任何一部分进行修改，都可能导致系统的其他部分被无意改变，这意味着系统会退化，是应该坚决避免的。

4.6　常见问答

Q1．迪米特法则是什么，它与工厂模式有何关联？

A：迪米特法则是一个设计准则，涉及以下内容：

1．每个单元对系统中其他单元知道的越少越好；

2．单位应该只与其朋友交流；

3．单元不应该知道它操作的对象的内部细节。

最少知识原则和迪米特法则是一致的，都是指向松耦合理论。就像它的名称所暗示的那样，最少知识原则适用于门面模式的用例，并且“原则”这个词是指导方针的意思，而不是严格遵守的意思，并且只在有需求的时候才用。

Q2．子系统可以有多个门面吗？

A：是的，可以为一组子系统组件实现多个门面。

Q3．最少知识原则的缺点是什么？

A：门面提供了一个简化的接口供客户端与子系统交互。本着提供简化接口的精神，应用可能会建立多个不必要的接口，这增加了系统的复杂性并且降低了运行时的性能。

Q4. 客户端可以独立访问子系统吗？

答：是的，事实上，由于门面模式提供了简化的接口，这使得客户端不必担心子系统的复杂性。

Q5. 门面是否可以添加自己的功能？

A：门面可以将其“想法”添加到子系统中，例如确保子系统的改进顺序由门面来决定。

4.7 小结

本章首先对结构型设计模式进行了介绍，然后探讨了门面设计模式及其使用的上下文。接着，我们介绍了门面的基础知识，以及如何将其高效地应用于软件架构中。我们还研究了如何利用门面设计模式创建一个简单的接口来供客户使用。因为极大地简化了子系统的复杂性，所以该模式能够使客户端受益匪浅。

由于门面并没有对子系统进行封装，因此即使不通过门面，客户端也可以自由访问子系统。本章还介绍了该模式的 UML 图，并给出了实现该模式的 Python v3.5 示例代码。通过本章的学习，你还了解了最少知识原则，以及该原则是如何指导门面设计模式的。

我们还提供了一个有关常见问题的部分，这将有助于你进一步了解该模式及它可能的缺点。现在，我们已经做好了充分的准备，在接下来的几章中，将进一步学习更多的结构型模式。

第5章
代理模式——控制对象的访问

在上一章中，我们首先简要介绍了结构型模式，并讨论了门面设计模式。我们通过UML图加深了对门面概念的理解，并且借助Python的实现展示了该模式在现实世界中的应用。最后，我们在常见问题解答部分讲解了门面模式的优点和缺点。

在本章中，我们将进一步学习结构型设计模式中的代理模式。我们首先介绍代理模式的概念，然后继续深入讨论该设计模式，并展示如何将其应用于软件程序开发。我们将提供一个示例，并通过Python v3.5实现该示例。简而言之，我们将在本章中讨论下列主题：

- 介绍代理和代理设计模式；
- 代理模式的UML图；
- 代理模式的变体；
- 利用Python v3.5代码实现的真实用例；
- 代理模式的优点；
- 门面模式和代理模式之间的比较；
- 常见问答。

5.1 理解代理设计模式

代理通常就是一个介于寻求方和提供方之间的中介系统。寻求方是发出请求的一方，而提供方则是根据请求提供资源的一方。在Web世界中，它相当于代理服务器。客户端（万维网中的用户）在向网站发出请求时，首先连接到代理服务器，然后向它请求诸如网页之类的资源。代理服务器在内部评估此请求，将其发送到适当的服务器，当它收到响应后，就会将响应传递给客户端。因此，代理服务器可以封装请求、保护隐私，并且非常适合在分布式架构中运行。

在设计模式的上下文中，代理是充当实际对象接口的类。对象类型可以是多样化的，例如网络连接、内存和文件中的大对象，等等。简而言之，代理就是封装实际服务对象的包装器或代理人。代理可以为其包装的对象提供附加功能，而无需更改对象的代码。代理模式的主要目的是为其他对象提供一个代理者或占位符，从而控制对实际对象的访问。

代理模式可以用于多种场景，如下所示。

- 它能够以更简单的方式表示一个复杂的系统。例如，涉及多个复杂计算或过程的系统应该提供一个更简单的接口，让它充当客户端的代理。
- 它提高了现有的实际对象的安全性。在许多情况下，都不允许客户端直接访问实际对象。这是因为实际对象可能受到恶意活动的危害。这时候，代理就能起到抵御恶意活动的盾牌作用，从而保护了实际的对象。
- 它为不同服务器上的远程对象提供本地接口。一个明显的例子是客户端希望在远程系统上运行某些命令的分布式系统，但客户端可能没有直接的权限来实现这一点。因此它将请求转交给本地对象（代理），然后由远程机器上的代理执行该请求。
- 它为消耗大量内存的对象提供了一个轻量级的句柄。有时，你可能不想加载主要对象，除非它们真的有必要。这是因为实际对象真的很笨重，可能需要消耗大量资源。一个典型的例子是网站用户的个人简介头像。你最好在列表视图中显示简介头像的缩略图，当然，为了展示用户简介的详细介绍，你就需要加载实际图片了。

让我们通过一个简单的例子来理解该模式。不妨以演员与他的经纪人为例，当制作公司想要找演员拍电影时，他们通常会与经纪人交流，而不是直接跟演员交流。经纪人会根据演员的日程安排和其他合约情况，来答复制作公司该演员是否有空，以及是否对该影片感兴趣。在这种情况下，制作公司并不直接找演员交涉，而是通过经纪人作为代理，处理所有与演员有关的调度和片酬问题。

下面的 Python 代码实现了这种场景，其中 Agent 是代理。对象 `Agent` 用于查看 `Actor` 是否正处于忙碌状态。如果 `Actor` 正忙，则调用 `Actor().occupied()` 方法；如果 `Actor` 不忙，则返回 `Actor().available()` 方法。

```
class Actor(object):
    def __init__(self):
        self.isBusy = False
```

```
    def occupied(self):
        self.isBusy = True
        print(type(self).__name__ , "is occupied with current movie")

    def available(self):
        self.isBusy = False
        print(type(self).__name__ , "is free for the movie")

    def getStatus(self):
        return self.isBusy

class Agent(object):
    def __init__(self):
        self.principal = None

    def work(self):
        self.actor = Actor()
        if self.actor.getStatus():
            self.actor.occupied()
        else:
            self.actor.available()


if __name__ == '__main__':
    r = Agent()
    r.work()
```

代理设计模式主要完成了以下工作。

- 它为其他对象提供了一个代理，从而实现了对原始对象的访问控制。
- 它可以用作一个层或接口，以支持分布式访问。
- 它通过增加代理，保护真正的组件不受意外的影响。

5.2 代理模式的 UML 类图

现在，我们可以借助于图 5-1 中的 UML 图来探讨代理模式。正如我们在上一段中所介绍的那样，代理模式有 3 个主要角色：制作公司、经纪人和演员。下面，让我们把这些角色放入一个 UML 图中，看看这些类如何关联：

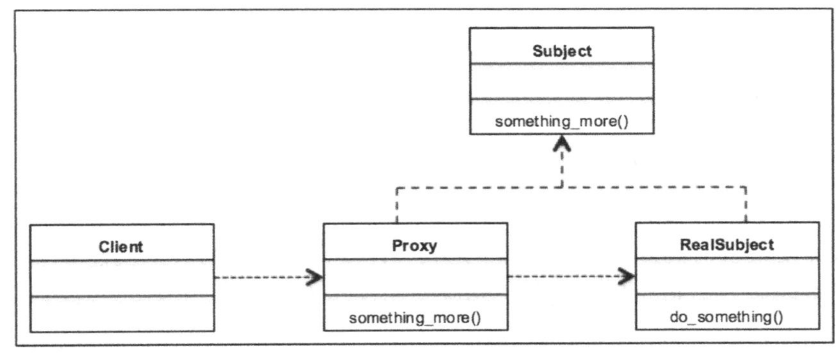

图 5-1

通过观察这个 UML 图，你会发现这个模式有下述 3 个主要的参与者。

- **代理**：它维护一个引用，允许代理（Proxy）通过这个引用来访问实际对象。它提供了一个与主题（Subject）相同的接口，以便代理可以替换真实的主题。代理还负责创建和删除真实主题（RealSubject）。
- **主题**：它定义了 RealSubject 和 Proxy 的公共接口。以 Proxy 和 RealSubject 的形式实现主题（Subject），使用 RealSubject 的任何地方都可以使用代理（Proxy）。
- **真实主题**：它定义代理（Proxy）所代表的真实对象。

从数据结构的角度来看，UML 图可以表示如下。

- **代理**：它是一个控制对 RealSubject 类访问的类。它处理客户端的请求，负责创建或删除 RealSubject。
- **主题/真实主题**：主题是定义真实主题（RealSubject）和代理（Proxy）相类似的接口。RealSubject 是 Subject 接口的实际实现。它提供了真正的功能，然后由客户端使用。
- **客户端**：它访问要完成工作的 Proxy 类。Proxy 类在内部控制对 RealSubject 的访问，并引导客户端（Client）所请求的工作。

5.3　了解不同类型的代理

在许多常见的情形中，都会用到代理。在本章开头部分，我们已经对部分情形进行了讨论。根据代理的使用方式，我们可以将它们分为虚拟代理、远程代理、保护代理和智能代理。在本小节中，我们将会进行更加深入的探讨。

5.3.1 虚拟代理

在这里，你将详细了解虚拟代理。如果一个对象实例化后会占用大量内存的话，可以先利用占位符来表示，这就是所谓的虚拟代理。例如，假设你想在网站上加载大型图片，而这个请求需要很长时间才能加载完成。通常，开发人员将在网页上创建一个占位符图标，以提示这里有图像。但是，只有当用户实际点击图标时才会加载图像，从而节省了向存储器中加载大型图像的开销。因此，在虚拟代理中，当客户端请求或访问对象时，才会创建实际对象。

5.3.2 远程代理

远程代理可表述如下：它给位于远程服务器或不同地址空间上的实际对象提供了一个本地表示。例如，你希望为应用程序建立一个监控系统，而该应用涉及多个 Web 服务器、数据库服务器、芹菜（celery）任务服务器、缓存服务器，等等。如果我们要监视这些服务器的 CPU 和磁盘利用率，就需要建立一个对象，该对象能够用于监视应用程序运行的上下文中，同时还可以执行远程命令以获取实际的参数值。在这种情况下，建立一个作为远程对象的本地表示的远程代理对象将可以帮助我们实现这个目标。

5.3.3 保护代理

你可以通过以下几点加深对保护代理的理解。这种代理能够控制 `RealSubject` 的敏感对象的访问。例如，在当今分布式系统的世界中，Web 应用会提供多个服务，这些服务相互协作来提供各种功能。现在，在这样的系统中，认证服务充当负责认证和授权的保护性代理服务器。在这种情况下，代理自然有助于保护网站的核心功能，防止无法识别或未授权的代理访问它们。因此，代理对象会检查调用者是否具有转发请求所需的访问权限。

5.3.4 智能代理

智能代理在访问对象时插入其他操作。例如，假设在系统中有一个核心组件，它将状态信息集中保存在一个地点。通常情况下，这样的组件需要被多个不同的服务调用以完成它们的任务，并且可能导致共享资源的问题。与让服务直接调用核心组件不同，智能代理是内置的，并且会在访问之前检查实际对象是否被锁定，以确保没有其他对象可以更改它。

5.4 现实世界中的代理模式

我们将通过付款用例来展示代理模式的现实应用场景。让我们假设，你在商场溜达，看中了一件漂亮的牛仔衫。你想买这件衬衫，但手里的现金却不够了。

这要是在不久以前，你可以去 ATM 取钱，然后来到商场付款。在更早的时候，通常使用的是银行支票，这样你就必须去银行提款，然后再回商场付款。

得益于银行业务的发展，后来出现了一种称为借记卡的东西。所以现在，你买东西的时候，只要在商家刷一下借记卡，这笔钱就会划入商家的账户，从而完成支付。

下面，我们利用 Python v3.5 来开发一个应用程序，实现上述示例。首先从客户端开始：你去了商场，现在想买一件漂亮的牛仔衫。让我们看看如何编写客户端代码。

- 你的行为由类 `You`（即客户端）来表示。
- 为了购买衬衫，该类提供了 `make_payment()` 方法。
- 特殊方法`__init __()`会调用代理并将其实例化。
- `make_payment()` 方法在内部调用代理的方法进行付款。
- 如果付款成功，将返回`__del __()`方法。

因此，代码示例如下所示：

```
class You:
    def __init__(self):
        print("You:: Lets buy the Denim shirt")
        self.debitCard = DebitCard()
        self.isPurchased = None

    def make_payment(self):
        self.isPurchased = self.debitCard.do_pay()

    def __del__(self):
        if self.isPurchased:
            print("You:: Wow! Denim shirt is Mine :-)")
        else:
            print("You:: I should earn more :(")

you = You()
```

```
you.make_payment()
```

现在让我们讨论一下主题。我们知道，主题是由代理和真实主题实现的接口。

- 在这个例子中，主题是 Payment 类。它是一个抽象基类，代表一个接口。
- 付款具有一个 do_pay() 方法，该方法需要借助代理和真实主题来实现。

下面我们通过具体的代码来考察这些方法：

```
from abc import ABCMeta, abstractmethod
class Payment(metaclass=ABCMeta):

    @abstractmethod
    def do_pay(self):
        pass
```

在这个场景中，我们还开发了代表真实主题的 Bank 类：

- Bank 实际完成从你的账户向商家账户划账的工作。
- Bank 提供了多个方法来处理付款。代理使用 setCard() 方法将借记卡详细信息发送给银行。
- __getAccount() 方法是 Bank 的私有方法，用于获取借记卡持有人的账户详细信息。为了简单起见，我们强制使用与账号相同的借记卡号。
- Bank 还有__hasFunds() 方法，它用来查看账户持有人在账户中是否有足够的资金来为衬衫付款。
- 由 Bank 类（通过 **Payment** 接口）实现的 do_pay() 方法实际上负责根据可用资金向商家付款：

```
class Bank(Payment):

    def __init__(self):
        self.card = None
        self.account = None

    def __getAccount(self):
        self.account = self.card # Assume card number is account
number
        return self.account
```

```
    def __hasFunds(self):
        print("Bank:: Checking if Account", self. __getAccount(),
"has enough funds")
        return True

    def setCard(self, card):
        self.card = card

    def do_pay(self):
        if self. __hasFunds():
            print("Bank:: Paying the merchant")
            return True
        else:
            print("Bank:: Sorry, not enough funds!")
            return False
```

让我们现在来理解最后一部分，即与代理有关的部分。

- `DebitCard`类是此处的代理。当你想要付款时，它会调用`do_pay()`方法。这是因为你不想跑去银行提款，然后再跑回商家完成支付。
- `DebitCard`类充当真实主题（银行）的代理。
- `payWithCard()`方法在内部控制真实主题（`Bank` 类）对象的创建，并向银行提供借记卡的详细信息。
- `Bank`在内部对账户进行检查并完成支付，具体如代码段所述：

```
class DebitCard(Payment):

    def __init__(self):
        self.bank = Bank()

    def do_pay(self):
        card = input("Proxy:: Punch in Card Number: ")
        self.bank.setCard(card)
        return self.bank.do_pay()
```

为正数，即资金够用时，输出如下：

```
You:: Lets buy the Denim shirt
Proxy:: Punch in Card Number: 23-2134-222
Bank:: Checking if Account 23-2134-222 has enough funds
Bank:: Paying the merchant
You:: Wow! Denim shirt is Mine :-)
```

为负数，即资金不足时，输出如下：

```
You:: Lets buy the Denim shirt
Proxy:: Punch in Card Number: 23-2134-222
Bank:: Checking if Account 23-2134-222 has enough funds
Bank:: Sorry, not enough funds!
You:: I should earn more :(
```

5.5 代理模式的优点

前面，我们已经学习了代理模式在现实世界中的工作原理，接下来让我们了解一下代理模式的优点。

- 代理可以通过缓存笨重的对象或频繁访问的对象来提高应用程序的性能。
- 代理还提供对于真实主题的访问授权。因此，只有提供合适权限的情况下，这个模式才会接受委派。
- 远程代理还便于与可用作网络连接和数据库连接的远程服务器进行交互，并可用于监视系统。

5.6 门面模式和代理模式之间的比较

门面模式和代理模式都是结构型设计模式。它们的相似之处在于，都是在真实对象的前面加入一个代理/门面对象。但是在意图或目的方面，这两种模式的确存在差异，具体如表 5-1 所示。

表 5-1

代理模式	门面模式
它为其他对象提供了代理或占位符，以控制对原始对象的访问	它为类的大型子系统提供了一个接口
代理对象具有与其目标对象相同的接口，并保存有目标对象的引用	它实现了子系统之间的通信和依赖性的最小化
它充当客户端和被封装的对象之间的中介	门面对象提供了单一的简单接口

5.7 常见问答

Q1. 装饰器模式和代理模式之间有什么区别？

A：装饰器向在运行时装饰的对象添加行为，而代理则是控制对对象的访问。代理和真实主题之间的关联是在编译时完成的，而不是动态的。

Q2. 代理模式的缺点是什么？

A：代理模式会增加响应时间。例如，如果代理没有良好的体系结构或存在性能问题，它就会增加真实主题的响应时间。一般来说，这一切都取决于代理写得有多好。

Q3. 客户端可以独立访问真实主题吗？

A：是的，但是代理模式能够提供许多优势，例如虚拟、远程等，所以使用代理模式会更好一些。

Q4. 代理是否能给自己添加任何功能？

A：代理可以向真实主题添加额外的功能，而无需更改对象的代码。代理和真实主题可以实现相同的接口。

5.8 小结

本章首先介绍了什么是代理。然后，讲解了代理的基础知识，以及如何在软件架构中有效地使用它。然后，探讨了代理设计模式及其使用的上下文。最后，考察了代理设计模式对提供所需功能的实际对象访问的控制方式。

我们还给出了这个模式的 UML 图，以及基于 Python v3.5 示例实现代码。

代理模式有 4 种不同的实现方式：虚拟代理、远程代理、保护代理和智能代理。我们通过一个真实场景学习了所有这些不同的类型。

我们对门面和代理设计模式进行了比较，以便大家能够清楚它们的使用场景和使用动机之间的差异。

我们还对常见的问题进行了解答，以帮读者进一步了解该模式背后的思想及其优缺点。

现在，我们已经做好了充分的准备，在接下来的几章中，将进一步学习更多的结构型模式。

第6章 观察者模式——了解对象的情况

在上一章中，我们首先简要介绍了代理的概念，并讨论了代理设计模式。然后，通过UML图进一步加深了对代理模式概念的理解，并且借助Python的实现展示了该模式在现实世界中的应用。最后，我们通过“常见问答”部分解答了代理模式的常见疑惑。

在本章中，我们将讨论第三种类型的设计模式：行为型设计模式。本章将介绍观察者设计模式，它就是一种行为型模式。我们将讨论如何在软件应用开发中使用观察者设计模式。我们将提供一个示例用例，并通过Python v3.5实现该用例。

简而言之，我们将在本章中讨论下列主题：

- 行为型设计模式简介；
- 观察者模式及其UML图；
- 利用Python v3.5代码实现一个真实用例；
- 松耦合的强大威力；
- 常见问答。

在本章的最后，我们将对整个讨论进行小结。

6.1 行为型模式简介

在本书的前面几章中，你学习了创建型模式（单例模式）和结构型模式（门面模式）。在本节中，我们将简要介绍行为型模式。

创建型模式的工作原理是基于对象的创建机制的。由于这些模式隔离了对象的创建细节，所以使得代码能够与要创建的对象的类型相互独立。结构型模式用于设计对象和类的结构，从而使它们可以相互协作以获得更大的结构。它们重点关注的是简化结构以及识别类和对象之间的关系。

行为型模式，顾名思义，它主要关注的是对象的责任。它们用来处理对象之间的交互，以实现更大的功能。行为型模式建议：对象之间应该能够彼此交互，同时还应该是松散耦合的。我们将在本章稍后介绍松耦合的原理。

观察者设计模式是最简单的行为型模式之一，所以，我们不妨从它入手开始学习这类模式。

6.2 理解观察者设计模式

在观察者设计模式中，对象（主题）维护了一个依赖（观察者）列表，以便主题可以使用观察者定义的任何方法通知所有观察者它所发生的变化。

在分布式应用的世界中，多个服务通常是通过彼此交互来实现用户想要实现的更大型的操作的。服务可以执行多种操作，但是它们执行的操作会直接或很大程度上取决于与其交互的服务对象的状态。

关于用户注册的示例，其中用户服务负责用户在网站上的各种操作。假设我们有另一个称为电子邮件服务的服务，它的作用是监视用户的状态并向用户发送电子邮件。例如，如果用户刚刚注册，则用户服务将调用电子邮件服务的方法，该方法将向用户发送电子邮件以进行账户验证。如果账户经过了验证，但信用度较低，则电子邮件服务将监视用户服务并向用户发送信用度过低的电子邮件警报。

因此，如果在应用中存在一个许多其他服务所依赖的核心服务，那么该核心服务就会成为观察者必须观察/监视其变化的主题。当主题发生变化时，观察者应该改变自己的对象的状态，或者采取某些动作。这种情况（其中从属服务监视核心服务的状态变化）描述了观察者设计模式的经典情景。

在广播或发布/订阅系统的情形中，你会看到观察者设计模式的用法。我们不妨考虑博客的例子，假设你是一个技术爱好者，喜欢阅读这个博客中 Python 方面的最新文章。这时你会怎么做？当然是订阅该博客。跟你一样，许多订阅者也会在这个博客中注册。所以，每当发布新博客时，你就会收到通知，或者如果原来的博客发生了变化，你也会收到通知。当然，通知你发生改变的方式可以是电子邮件。现在，如果将此场景应用于观察者模式，那么这里的博客就是维护订阅者或观察者列表的主题。因此，当有新的文章添加到博客中时，所有观察者就会通过电子邮件或由观察者定义任何其他通知机制收到相应的通知。

观察者模式的主要目标如下：

- 它定义了对象之间的一对多的依赖关系，从而使得一个对象中的任何更改都将自动通知给其他依赖对象；
- 它封装了主题的核心组件。

观察者模式可用于以下多种场景：

- 在分布式系统中实现事件服务；
- 用作新闻机构的框架；
- 股票市场也是观察者模式的一个大型场景。

下面是观察者设计模式的Python实现：

```
class Subject:
    def __init__(self):
        self. __observers = []

    def register(self, observer):
        self. __observers.append(observer)

    def notifyAll(self, *args, **kwargs):
        for observer in self. __observers:
            observer.notify(self, *args, **kwargs)

class Observer1:
    def __init__(self, subject):
        subject.register(self)

    def notify(self, subject, *args):
        print(type(self). __name__,':: Got', args, 'From', subject)


class Observer2:
    def __init__(self, subject):
        subject.register(self)

    def notify(self, subject, *args):
        print(type(self). __name__, ':: Got', args, 'From', subject)
```

```
subject = Subject()
observer1 = Observer1(subject)
observer2 = Observer2(subject)
subject.notifyAll('notification')
```

上述代码的输出结果如图 6-1 所示。

```
Observer1 :: Got ('notification',) From <__main__.Subject object at 0x102178630>
Observer2 :: Got ('notification',) From <__main__.Subject object at 0x102178630>
```

图 6-1

观察者模式的 UML 类图

现在我们将通过图 6-2 中的 UML 图来帮助读者深入了解观察者模式。

正如我们在上面所讨论的那样，观察者模式有两个主要角色：主题和观察者。让我们把这些角色放在一个 UML 图中，看看这些类是如何交互的，如图 6-2 所示。

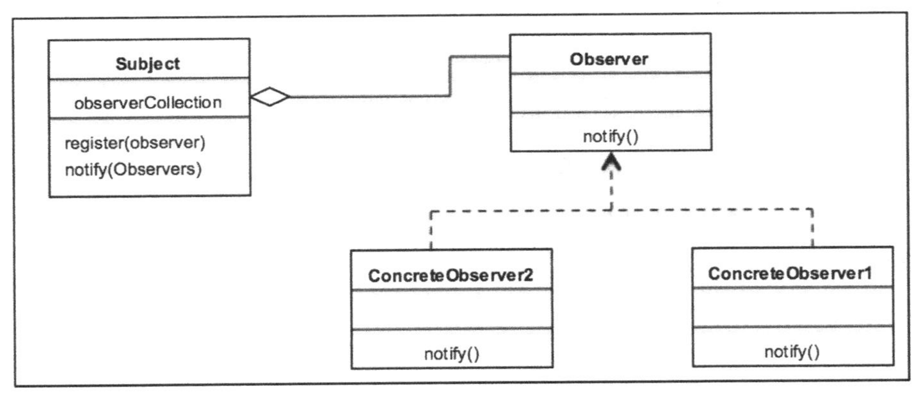

图 6-2

通过观察这个 UML 图你就会发现，这个模式有 3 个主要角色。

- 主题（`Subject`）：类 `Subject` 需要了解 `Observer`。`Subject` 类具有许多方法，诸如 `register()` 和 `deregister()` 等，`Observer` 可以通过这些方法注册到 `Subject` 类中。因此，一个 `Subject` 可以处理多个 `Observer`。
- 观察者（`Observer`）：它为关注主题的对象定义了一个接口。它定义了 `Observer` 需要实现的各个方法，以便在主题发生变化时能够获得相应的通知。
- 具体观察者（`ConcreteObserver`）：它用来保存应该与 `Subject` 的状态保持一致的状态。它实现了 `Observer` 接口以保持其状态与主题中的变化相一致。

这个流程非常简单。具体观察者通过实现观察者提供的接口向主题注册自己。每当状态发生变化时，该主题都会使用观察者提供的通知方法来通告所有具体观察者。

6.3　现实世界中的观察者模式

我们将以新闻机构为例来展示观察者模式的现实世界场景。新闻机构通常从不同地点收集新闻，并将其发布给订阅者。下面，让我们来看看这个用例的设计注意事项。

由于信息是实时发送或接收的，所以新闻机构应该尽快向其订户公布该消息。此外，随着技术的进步，订户不仅可以订阅报纸，而且可以通过其他的形式进行订阅，例如电子邮件、移动设备、短信或语音呼叫。所以，我们还应该具备在将来添加任意其他订阅形式的能力，以便为未来的新技术做好准备。

让我们利用 Python v3.5 来开发一个应用程序，实现上面的用例。

我们将从主题开始，这里的主题是新闻发布者：

- 主题的行为由 NewsPublisher 类表示；
- NewsPublisher 提供了一个供订户使用的接口；
- attach()方法供观察者（Observer） 来注册 NewsPublisherObserver，detach()方法用于注销；
- subscriber()方法返回已经使用 Subject 注册的所有订户的列表；
- notifySubscriber()方法可以用来遍历已向 NewsPublisher 注册的所有订户；
- 发布者可以使用 addNews()方法创建新消息，getNews()用于返回最新消息，并通知观察者。

现在让我们来考察一下 NewsPublisher 类：

```
class NewsPublisher:
    def __init__(self):
        self. __subscribers = []
        self. __latestNews = None

    def attach(self, subscriber):
        self. __subscribers.append(subscriber)
```

```
    def detach(self):
        return self.__subscribers.pop()

    def subscribers(self):
        return [type(x).__name__ for x in self.__subscribers]

    def notifySubscribers(self):
        for sub in self.__subscribers:
            sub.update()

    def addNews(self, news):
        self.__latestNews = news

    def getNews(self):
        return "Got News:", self.__latestNews
```

现在我们来讨论观察者（Observer）接口：

- 在这个例子中，Subscriber 表示 Observer，它是一个抽象的基类，代表其他 ConcreteObserver；
- Subscriber 有一个 update()方法，但是它需要由 ConcreteObservers 实现；
- update()方法是由 ConcreteObserver 实现的，这样只要有新闻发布的时候，它们都能得到 Subject(NewsPublishers)的相应通知。

现在让我们看看 Subscriber 抽象类的代码：

```
from abc import ABCMeta, abstractmethod

class Subscriber(metaclass=ABCMeta):

    @abstractmethod
    def update(self):
        pass
```

我们还开发了代表具体观察者的一些类：

- 在本例中，我们有两个主要观察者，分别是实现订户接口的 EmailSubscriber 和 SMSSubscriber；
- 除了这两个之外，我们建立了另一个观察者 AnyOtherObserver，它是用来演示 Observers 与 Subject 的松散耦合关系的；

- 每个具体观察者的__init __()方法都是使用 attach()方法向 NewsPublisher 进行注册的；
- 具体观察者的 update()方法由 NewsPublisher 在内部用来通知添加了新的新闻。

下面是实现 SMSSubscriber 类的具体代码：

```
class SMSSubscriber:
    def __init__(self, publisher):
        self.publisher = publisher
        self.publisher.attach(self)

    def update(self):
        print(type(self).__name__, self.publisher.getNews())

class EmailSubscriber:
    def __init__(self, publisher):
        self.publisher = publisher
        self.publisher.attach(self)

    def update(self):
        print(type(self).__name__, self.publisher.getNews())

class AnyOtherSubscriber:
    def __init__(self, publisher):
        self.publisher = publisher
        self.publisher.attach(self)

    def update(self):
        print(type(self).__name__, self.publisher.getNews())
```

现在，所需的订户都已经实现好了，下面让我们来考察 NewsPublisher 和 SMSSubscribers 类。

- 客户端为 NewsPublisher 创建一个对象，以供具体观察者用于各种操作。
- 使用发布者的对象初始化 SMSSubscriber、EmailSubscriber 和 AnyOther Subscriber 类。
- 在 Python 中，当我们创建对象时，__init __()方法就会被调用。在 ConcreteObserver 类中，__init __()方法在内部使用 NewsPublisher 的

attach()方法进行注册以获取新闻更新。

- 然后，我们打印出已经通过主题注册的所有订户（具体观察者）的列表。
- 接着，使用 newsPublisher(news_publisher)的对象通过 addNews()方法创建新消息。
- NewsPublisher 的 notifySubscribers()方法用于通知所有订户出现了新消息。notifySubscribers()方法在内部调用由具体观察者实现的 update()方法，以便它们可以获得最新的消息。
- NewsPublisher 还提供了 detach()方法，可从注册订户列表中删除订户。

以下代码展示了主题和观察者之间的交互：

```
if __name__ == '__main__':
    news_publisher = NewsPublisher()
    for Subscribers in [SMSSubscriber, EmailSubscriber,
AnyOtherSubscriber]:
        Subscribers(news_publisher)
    print("\nSubscribers:", news_publisher.subscribers())

    news_publisher.addNews('Hello World!')
    news_publisher.notifySubscribers()

    print("\nDetached:", type(news_publisher.detach()). __name__)
    print("\nSubscribers:", news_publisher.subscribers())

    news_publisher.addNews('My second news!')
    news_publisher.notifySubscribers()
```

上述代码的输出结果如图 6-3 所示。

```
Subscribers: ['SMSSubscriber', 'EmailSubscriber', 'AnyOtherSubscriber']
SMSSubscriber ('Got News:', 'Hello World!')
EmailSubscriber ('Got News:', 'Hello World!')
AnyOtherSubscriber ('Got News:', 'Hello World!')

Detached: AnyOtherSubscriber

Subscribers: ['SMSSubscriber', 'EmailSubscriber']
SMSSubscriber ('Got News:', 'My second news!')
EmailSubscriber ('Got News:', 'My second news!')
```

图 6-3

6.4 观察者模式的通知方式

有两种不同的方式可以通知观察者在主题中发生的变化。它们可以被分为推模型或拉模型。

6.4.1 拉模型

在拉模型中，观察者扮演积极的角色。

- 每当发生变化时，主题都会向所有已注册的观察者进行广播。
- 出现变化时，观察者负责获取相应的变化情况，或者从订户那里拉取数据。
- 拉模型的效率较低，因为它涉及两个步骤，第一步，主题通知观察者；第二步，观察者从主题那里提取所需的数据 。

6.4.2 推模型

在推模型中，主题是起主导作用的一方，如下所示。

- 与拉模型不同，变化由主题推送到观察者的。
- 在拉模型中，主题可以向观察者发送详细的信息（即使可能不需要）。当主题发送大量观察者用不到的数据时，会使响应时间过长。
- 由于只从主题发送所需的数据，所以能够提高性能。

6.5 松耦合与观察者模式

松耦合是软件开发应该采用的重要设计原理之一。松耦合的主要目的是争取在彼此交互的对象之间实现松散耦合设计。耦合是指一个对象对于与其交互的其他对象的了解程度。

松耦合设计允许我们构建灵活的面向对象的系统，有效应对各种变化，因为它们降低了多个对象之间的依赖性。

松耦合架构具有以下特性：

- 它降低了在一个元素内发生的更改可能对其他元素产生意外影响的风险；

- 它使得测试、维护和故障排除工作更加简单；
- 系统可以轻松地分解为可定义的元素。

观察者模式提供了一种实现主题和观察者松耦合的对象设计模式。以下几条可以更好地解释这一点。

- 主题对观察者唯一的了解就是它实现一个特定的接口。同时，它也不需要了解具体观察者类。
- 可以随时添加任意的新观察者（如我们在本章前面的示例中所见）。
- 添加新的观察者时，根本不需要修改主题。在本示例中，我们看到任意其他观察者可以任意添加/删除，而无需在主题中进行任何的更改。
- 观察者或主题没有绑定在一起，所以可以彼此独立使用。如果需要的话，观察者可以在任何地方重复使用。
- 主题或观察者中的变化不会相互影响。由于两者都是独立的或松散耦合的，所以它们可以自由地做出自己的改变。

6.6 观察者模式：优点和缺点

观察者模式具有以下优点：

- 它使得彼此交互的对象之间保持松耦合；
- 它使得我们可以在无需对主题或观察者进行任何修改的情况下高效地发送数据到其他对象；
- 可以随时添加/删除观察者。

以下是观察者模式的缺点：

- 观察者接口必须由具体观察者实现，而这涉及继承。无法进行组合，因为观察者接口可以实例化；
- 如果实现不当的话，观察者可能会增加复杂性，并导致性能降低；
- 在软件应用程序中，通知有时可能是不可靠的，并导致竞争条件或不一致性。

6.7　常见问答

Q1．可能存在多个主题和观察者吗？

A：当一个软件应用程序建立了多个主题和观察者的时候，是可能的。在这种情况下，要想正常工作，需要通知观察者哪些主题发生了变化以及各个主题中发生了哪些变化。

Q2．谁负责触发更新？

A：正如你早先学到的，观察者模式可以在推模型和拉模型中工作。通常情况下，当发生更新时，主题会触发更新方法，但有时可以根据应用程序的需要，观察者也是可以触发通知的。然而，需要注意的是频率不应该太高，否则可能导致性能下降，特别是当主题的更新不太频繁时。

Q3．主题或观察者可以在任何其他用例中访问吗？

A：是的，这就是松散耦合的力量在观察者模式中的强大体现。主题和观察者是可以独立使用的。

6.8　小结

本章首先对行为型设计模式进行了说明。接着，我们介绍了观察者模式的基础知识，以及如何将其高效地应用于软件架构中。我们考察了观察者设计模式如何用来通知观察者在主题中发生的变化。它们不仅能够管理对象之间的交互，同时还能管理对象的一对多的依赖关系。

你还学习了该模式的 UML 图和基于 Python v3.5 的示例实现代码。

观察者模式具有两种不同的实现方式：推模型和拉模型。本章对这两种类型进行了相应的介绍，并讨论了它们的实现和性能影响。

我们讲解了软件设计中的松耦合原理，以及观察者模式是如何在应用程序开发中利用这一原则的。

我们还对常见的问题进行了解答，以帮你进一步了解该模式背后的思想及其优缺点。

现在，我们已经做好了充分的准备，在接下来的几章中，我们将进一步学习更多的行为型模型。

第 7 章 命令模式——封装调用

在上一章中，我们首先介绍了行为设计模式，然后讲解了观察者的概念，并讨论了观察者设计模式。同时，还使用 UML 图阐释了观察者设计模式的概念，并且学习了如何借助 Python 实现将其应用于现实世界中。然后，我们又讨论了观察者模式的利弊，解答了与观察者模式有关的常见问题，最后对章节内容进行了总结。

在本章中，我们将讨论命令设计模式。就像观察者模式一样，命令模式业也属于行为模式的范畴。我们将首先介绍命令设计模式，并讨论如何在软件应用程序开发中应用它。同时，我们还将通过一个用例来帮助读者理解这个模式，并给出了相应的 Python v3.5 实现代码。

在本章中，我们将简要介绍以下主题：

- 命令设计模式简介；
- 命令模式及其 UML 图；
- Python v3.5 代码实现的真实用例；
- 命令模式的优缺点；
- 常见问答。

7.1 命令设计模式简介

正如我们在上一章中所看到的那样，行为模式侧重于对象的响应性。它利用对象之间的交互实现更强大的功能。命令模式也是一种行为设计模式，其中对象用于封装在完成一项操作时或在触发一个事件时所需的全部信息。这些信息包括以下内容：

- 方法名称；
- 拥有方法的对象；
- 方法参数的值。

让我们用一个非常简单的软件例子来理解该模式，如安装向导。通常情况下，安装向导通过多个步骤或屏幕来了解用户的偏好。因此，当用户使用向导时，他/她需要做出某些选择。通常来说，向导可以使用命令模式来实现。向导首先会启动一个名为 Command 的对象。用户在向导的多个步骤中指定的首选项或选项将存储在 Command 对象中。当用户在向导的最后一个屏幕上单击 Finish 按钮时，Command 对象就会运行 execute() 方法，该方法会考察所有存储的选项并完成相应的安装过程。因此，关于选择的所有信息被封装在稍后用于采取动作的对象中。

另一个简单的例子是打印机后台处理程序。假脱机程序可以用 Command 对象的形式来实现，该对象用于存储页面类型（A5-A1）、纵向/横向、分选/不分选等信息。当用户打印东西（例如图像）时，假脱机程序就会运行 Command 对象的 execute() 方法，并使用设置的首选项打印图像。

7.2 了解命令设计模式

命令模式通常使用以下术语：Command、Receiver、Invoker 和 Client：

- Command 对象了解 Receiver 对象的情况，并能调用 Receiver 对象的方法；
- 调用者方法的参数值存储在 Command 对象中；
- 调用者知道如何执行命令；
- 客户端用来创建 Command 对象并设置其接收者。

命令模式的主要意图如下：

- 将请求封装为对象；
- 可用不同的请求对客户进行参数化；
- 允许将请求保存在队列中（我们将在本章后面进行讨论）；
- 提供面向对象的回调。

命令模式可用于以下各种情景：

- 根据需要执行的操作对对象进行参数化；
- 将操作添加到队列并在不同地点执行请求；
- 创建一个结构来根据较小操作完成高级操作。

以下的 Python 代码实现了命令设计模式。在本章前面，我们曾经讨论了向导的例子。假设我们想要开发一个安装向导，或者更常见的安装程序。通常，安装意味着需要根据用户做出的选择来复制或移动文件系统中的文件。在下面的示例中，我们首先在客户端代码中创建 Wizard 对象，然后使用 `preferences()` 方法存储用户在向导的各个屏幕期间做出的选择。在向导中单击 Finish 按钮时，就会调用 `execute()` 方法。之后，`execute()` 方法将会根据首选项来开始安装：

```
class Wizard():

    def __init__(self, src, rootdir):
        self.choices = []
        self.rootdir = rootdir
        self.src = src

    def preferences(self, command):
        self.choices.append(command)

    def execute(self):
        for choice in self.choices:
            if list(choice.values())[0]:
                  print("Copying binaries --", self.src, " to ", self.
rootdir)
            else:
                  print("No Operation")


if __name__ == '__main__':
  ## Client code
  wizard = Wizard('python3.5.gzip', '/usr/bin/')
  ## Users chooses to install Python only
  wizard.preferences({'python':True})
  wizard.preferences({'java':False})
  wizard.execute()
```

上述代码的输出如下：

```
Copying binaries -- python3.5.gzip  to  /usr/bin
No Operation
```

命令模式的 UML 类图

现在，让我们借助 UML 图来深入理解命令模式。

正如我们在上一段中讨论的那样，命令模式的主要参与者为：Command、ConcreteCommand、Receiver、Invoker 和 Client。

让我们把这些角色放在一个 UML 图中（见图 7-1），看看这些类是如何交互的。

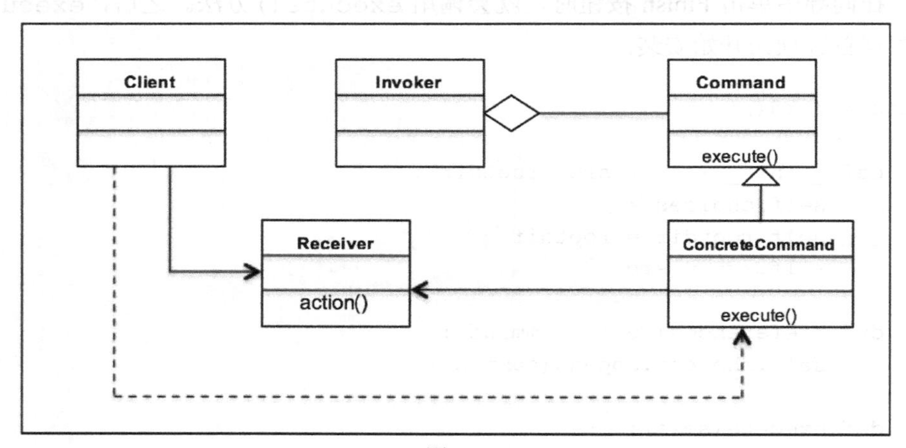

图 7-1

通过该 UML 图不难发现，该模式主要涉及 5 个参与者。

- Command：声明执行操作的接口。
- ConcreteCommand：将一个 Receiver 对象和一个操作绑定在一起。
- Client：创建 ConcreteCommand 对象并设定其接收者。
- Invoker：要求该 ConcreteCommand 执行这个请求。
- Receiver：知道如何实施与执行一个请求相关的操作。

整个流程图是非常简单的，客户端请求执行命令，调用者接受命令，封装它并将其放置到队列中。ConcreteCommand 类根据所请求的命令来指导接收者执行特定的动作。通过阅读以下代码，可以帮助我们进一步了解该模式中所有的参与者的情况：

```
from abc import ABCMeta, abstractmethod
```

```
class Command(metaclass=ABCMeta):
    def __init__(self, recv):
        self.recv = recv

    def execute(self):
        pass


class ConcreteCommand(Command):
    def __init__(self, recv):
        self.recv = recv

    def execute(self):
        self.recv.action()


class Receiver:
    def action(self):
        print("Receiver Action")


class Invoker:
    def command(self, cmd):
        self.cmd = cmd

    def execute(self):
        self.cmd.execute()


if __name__ == '__main__':
    recv = Receiver()
    cmd = ConcreteCommand(recv)
    invoker = Invoker()
    invoker.command(cmd)
    invoker.execute()
```

7.3 实现现实世界中命令模式

我们将通过一个（在互联网世界中经常讲到的）证券交易所的例子来演示命令模式的实现。在证券交易所会发生哪些事情呢？作为证券交易所的用户，你会创建买入或卖出股票的订单。通常情况下，你无法直接执行买入或卖出。实际上，代理或经纪人，在你和证券交易所之间扮演了中介的角色。代理负责将你的请求提交给证券交易所，完成工作。我们假设你想在星期一早上开市后卖出股票。但是在星期日晚上，虽然交易所尚未开市，你就可以向代理提出卖出股票的请求。然后，代理会将该请求放入排队，以便在星期一早晨当交易所开市的时候执行该请求，完成相应的交易。这实际上就是一个命令模式的经典情形。

设计注意事项

通过 UML 图可以看到，命令模式有 4 个主要参与者——Command、Concrete Command、Invoker 和 Receiver。对于前面的案例来说，我们应该创建一个 Order 接口，来定义客户端下达的订单。我们还应该定义 ConcreteCommand 类来买卖股票。此外，还需要为证券交易所定义一个类。我们应该定义实际执行交易的 Receiver 类，以及接收订单并交由接收者执行的代理（称为调用者）。

下面，让我们利用 Python v3.5 开发一个应用程序，并实现前面的用例。

我们首先介绍 Command 对象，即 Order：

- Command 对象由 Order 类表示；
- Order 提供了一个接口（Python 的抽象基类），以便 ConcreteCommand 可以实现该行为；
- execute()方法是需要由执行 Order 类的 ConcreteCommand 类来定义的抽象方法。

下面的代码提供了抽象类 Order 和抽象方法 execute()：

```
from abc import ABCMeta, abstractmethod

class Order(metaclass=ABCMeta):

    @abstractmethod
    def execute(self):
        pass
```

我们还开发了表示 ConcreteCommand 的某些类：

- 这里，我们有两个主要的具体类：BuyStockOrder 和 SellStockOrder，它们实现了 Order 接口；

- 这两个 ConcreteCommand 类都使用股票交易系统的对象，所以它们可以为交易系统定义适当的操作；
- 每个 ConcreteCommand 类的 execute()方法使用股票交易对象执行买入和卖出操作。

让我们看看实现接口的具体类：

```
class BuyStockOrder(Order):
    def __init__(self, stock):
        self.stock = stock

    def execute(self):
        self.stock.buy()


class SellStockOrder(Order):
    def __init__(self, stock):
        self.stock = stock

    def execute(self):
        self.stock.sell()
```

现在，让我们讨论股票交易系统及其实现：

- StockTrade 类表示该示例中的 Receiver 对象；
- 它定义了多个方法（动作）来执行 ConcreteCommand 对象发出的订单；
- buy() 和 sell() 方法由接收者定义，分别由 BuyStockOrder 和 SellStockOrder 调用以在交易所中买入或卖出股票。

让我们来看看 StockTrade 类：

```
class StockTrade:
    def buy(self):
        print("You will buy stocks")

    def sell(self):
        print("You will sell stocks")
```

另一部分代码是关于调用者的：

- Agent 类表示调用者；

- 代理是客户端和 StockExchange 之间的中介，并执行客户下达的订单；
- 代理定义了一个作为队列的数据成员__orderQueue（列表），客户端下达的任何新订单都将添加到队列中；
- 代理的 placeOrder()方法负责对订单排序以及执行订单。

以下代码描述了扮演调用者角色的 Agent 类：

```
class Agent:
    def __init__(self):
        self.__orderQueue = []

    def placeOrder(self, order):
        self.__orderQueue.append(order)
        order.execute()
```

让我们现在将所有上述类都放在透视图中，看看客户端是如何实现的：

- 客户首先设置其接收者，StockTrade 类；
- 它使用 BuyStockOrder 和 SellStockOrder(ConcreteCommand)创建订单来买卖股票，执行 StockTrade 的相关操作；
- 调用者对象是通过实例化 Agent 类创建的；
- Agent 的 placeOrder()方法用于获取客户端所下的订单。

以下是客户端的实现代码：

```
if __name__ == '__main__':
    #Client
    stock = StockTrade()
    buyStock = BuyStockOrder(stock)
    sellStock = SellStockOrder(stock)

    #Invoker
    agent = Agent()
    agent.placeOrder(buyStock)
    agent.placeOrder(sellStock)
```

上述代码的输出如图 7-2 所示：

```
You will buy stocks
You will sell stocks
```

图 7-2

在软件中应用命令模式的方式有很多种。我们将讨论与云应用密切相关的两个实现。

- 重做或回滚操作：
    - 在实现回滚或重做操作时，开发人员可以做两件不同的事情；
    - 这些是在文件系统或内存中创建快照，当被要求回滚时，恢复到该快照；
    - 使用命令模式时，可以存储命令序列，并且要求进行重做时，重新运行相同的一组操作即可。
- 异步任务执行：
    - 在分布式系统中，我们通常要求设备具备异步执行任务的功能，以便核心服务在大量请求涌来时不会发生阻塞。
    - 在命令模式中，`Invoker` 对象可以维护一个请求队列，并将这些任务发送到 `Receiver` 对象，以便它们可以独立于主应用程序线程来完成相应的操作。

7.4 命令模式的优缺点

命令模式具有以下优点：

- 将调用操作的类与知道如何执行该操作的对象解耦；
- 提供队列系统后，可以创建一系列命令；
- 添加新命令更加容易，并且无需更改现有代码；
- 还可以使用命令模式来定义回滚系统，例如，在向导示例中，我们可以编写一个回滚方法。

下面是命令模式的缺点：

- 为了实现目标，需要大量的类和对象进行协作。应用程序开发人员为了正确开发这些类，需要倍加小心；
- 每个单独的命令都是一个 `ConcreteCommand` 类，从而增加了需要实现和维护的类的数量。

7.5 常见问答

Q1．命令模式中是否可以不实现 `Receiver` 和 `ConcreteCommand`？

A：是的，可以。许多软件应用程序也就是通过这种方式来使用命令模式的。这里唯一要注意的是调用者和接收者之间的交互。如果接收器未被定义的话，则去耦程度就会下降；此外，参数化命令的优势也就不复存在了。

Q2．我使用什么数据结构来实现 `Invoker` 对象中的队列机制？

答：在本章的股票交易所示例中，我们使用一个列表来实现队列。但是，命令模式还可以使用一个堆栈来实现队列机制，这在开发具有重做或回滚功能的时候非常有帮助。

7.6 小结

在本章中的开头部分，我们学习了命令设计模式的概念以及如何将其有效地应用于软件架构中。

接着，我们研究了如何使用命令设计模式来封装在稍后某个时间点触发事件或动作所需的所有信息。

然后，我们还学习了使用 UML 图，并给出了该模式的 Python v3.5 实现代码示例。

同时，我们还通过常见问答部分提供了与该模式有关的更多思想，最后介绍了该模型的优缺点。

在接下来的章节中，我们将继续讨论其他行为设计模式。

第8章 模板方法模式——封装算法

在上一章中，我们首先对命令设计模式进行了概述，该模式利用一个对象来封装执行操作或稍后触发事件所需的全部信息。然后，我们利用 UML 图展示了命令设计模式的概念，并借助 Python 实现演示了它在现实世界中的应用。接着，我们讨论了命令模式的优缺点，并在常见问答部分进行了更广泛的探讨，最后对章节内容进行了相应的总结。

在本章中，我们将讨论模板设计模式，其实命令模式和模板模式都属于行为模式。我们将介绍模板设计模式，并讨论如何在软件应用程序开发中应用该模式。我们还将提供一个示例，并利用 Python v3.5 来实现它。

在本章中，我们将简要介绍以下主题：

- 模板方法设计模式简介；
- 模板方法模式及其 UML 图；
- Python v3.5 代码实现真实用例；
- 模板方法模式的优缺点；
- 好莱坞原则、模板方法和模板钩子；
- 常见问答。

阅读本章后，你将能够分析模板设计模式适用的情况，并有效地使用它们来解决设计相关的问题。最后，我们还将对模板方法模式的所有讨论进行总结。

8.1 定义模板方法模式

正如我们在上一章中所看到的，行为模式主要关注对象的响应性。它处理对象之间的交互以实现更强大的功能。模板方法模式是一种行为设计模式，通过一种称为模板方法的方式来定义程序框架或算法。例如，你可以将制作饮料的步骤定义为模板方法中的算法。模板方法模式还通过将这些步骤中的一些实现推迟到子类来帮助重新定义或定制算法的某些步骤。这意味着子类可以重新定义自己的行为。例如，在这种情况下，子类可以使用制作饮料的模板方法来实现沏茶的步骤。需要重点关注的是，步骤的改变（如子类所做的）并不影响原始算法的结构。因此，在模板方法模式中的子类可以通过覆盖来创建不同的行为或算法。

在讨论模板方法模式的时候，按照软件开发术语来说，我们可以使用抽象类来定义算法的步骤。这些步骤在模板方法模式的上下文中也称为原始操作。这些步骤通常用抽象方法定义，而模板方法则用来定义算法。`ConcreteClass`（子类化抽象类）则用来实现算法中子类的特定步骤。

模板方法模式适用于以下场景：

- 当多个算法或类实现类似或相同逻辑的时候；
- 在子类中实现算法有助于减少重复代码的时候；
- 可以让子类利用覆盖实现行为来定义多个算法的时候。

让我们用一个日常生活中的简单例子来理解该模式。回想一下在沏茶或煮咖啡时都会做些什么。在煮咖啡的情况下，通常需要执行以下步骤来制备饮料。

1．烧开水。

2．研磨咖啡豆。

3．把它倒在咖啡杯里。

4．将糖和牛奶加入杯中。

5．搅拌，然后咖啡就做好了。

现在，如果你想准备一杯茶，你将执行以下步骤。

1．烧开水。

2．泡茶。

3．将茶水倒入杯中。

4．向茶水中加柠檬。

5．搅拌，一杯茶就沏好了。

分析这两个制作过程，你会发现两者基本一致。在这种情况下，模板方法模式就有了用武之地了。我们该如何实现它呢？我们首先定义一个 Beverage 类，让它提供准备茶和咖啡的通用抽象方法，如 boilWater()。此外，我们还定义一个模板方法 preparation()，让它来负责处理准备饮料（算法）的步骤序列。最后，我们让具体类，即 PrepareCoffee 和 PrepareTea，来定义制作咖啡和茶时特有的步骤。模板方法模式就是通过这种方式来避免代码重复的。

另一个简单的例子是计算机语言使用的编译器。编译器本质上做两件事：收集源代码并将其编译为目标对象。现在，如果需要为 iOS 设备定义交叉编译器，我们可以在模板方法模式的帮助下实现它。我们将在本章后面详细介绍这个例子。

8.1.1 了解模板方法设计模式

简而言之，模板方法模式的主要意图如下：

- 使用基本操作定义算法的框架；
- 重新定义子类的某些操作，而无需修改算法的结构；
- 实现代码重用并避免重复工作；
- 利用通用接口或实现。

模板方法模式使用以下术语——AbstractClass、ConcreteClass、Template Method 和 Client。

- AbstractClass：声明一个定义算法步骤的接口。
- ConcreteClass：定义子类特定的步骤。
- template_method()：通过调用步骤方法来定义算法。

我们在本章前面讨论过一个编译器的例子。假设想为 iOS 设备开发自己的交叉编译器并运行程序。

我们首先开发一个抽象类（编译器），来定义编译器的算法。编译器执行的操作是收集由程序语言编写的源代码，然后编译成目标代码（二进制格式）。我们将这些步骤定义为 collectSource()和 compileToObject()抽象方法，同时还定义了负责执行程序的 run()方法。该算法是由 compileAndRun()方法来定义的，它通过内部调用 collectSource()、compileToObject()和 run()方法来定义编译器的算法。

然后，让具体类 iOSCompiler 实现抽象方法，在 iOS 设备上编译并运行 Swift 代码。

小技巧：

Swift是一种用于在iOS平台上开发应用程序的编程语言。

下面的Python代码用于实现模板方法设计模式：

```
from abc import ABCMeta, abstractmethod

class Compiler(metaclass=ABCMeta):
    @abstractmethod
    def collectSource(self):
        pass

    @abstractmethod
    def compileToObject(self):
        pass

    @abstractmethod
    def run(self):
        pass

    def compileAndRun(self):
        self.collectSource()
        self.compileToObject()
        self.run()


class iOSCompiler(Compiler):
    def collectSource(self):
        print("Collecting Swift Source Code")

    def compileToObject(self):
        print("Compiling Swift code to LLVM bitcode")

    def run(self):
        print("Program runing on runtime environment")


iOS = iOSCompiler()
iOS.compileAndRun()
```

上述代码的输出结果如图 8-1 所示。

```
Collecting Swift Source Code
Compiling Swift code to LLVM bitcode
Program runing on runtime environment
```

图 8-1

8.1.2 模板方法模式的 UML 类图

现在，让我们借助于 UML 图来深入了解模板方法模式。

正如在上一节中所介绍的那样，模板方法模式的主要角色有：抽象类、具体类、模版方法和客户端。下面，让我们把这些角色放入一个 UML 图中（见图 8-2），看看这些类是如何关联的。

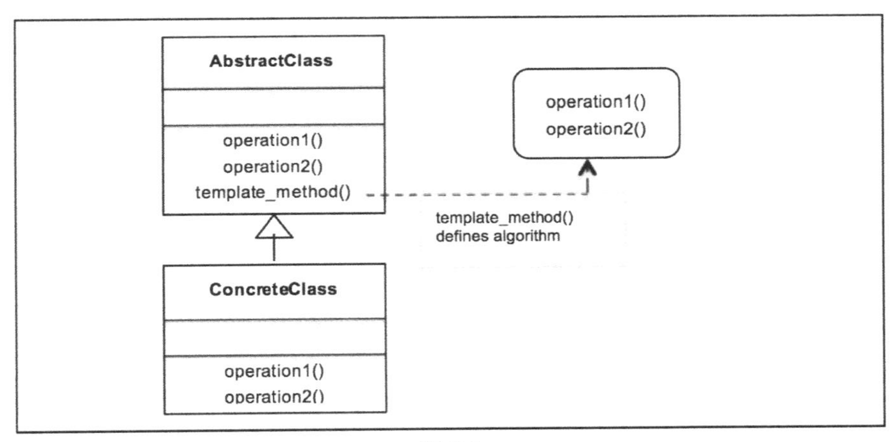

图 8-2

通过观察下面的 UML 图，你会发现这个模式有 4 个主要参与者。

- `AbstractClass`：在抽象方法的帮助下定义算法的操作或步骤。这些步骤将被具体子类覆盖。
- `template_method()`：定义算法的框架。在模板方法中调用抽象方法定义的多个步骤来定义序列或算法本身。
- `ConcreteClass`：实现（由抽象方法定义的）步骤，来执行算法子类的特定步骤。

以下是一个代码示例，展示了该模式中所有参与者的关系：

```
from abc import ABCMeta, abstractmethod
```

```
class AbstractClass(metaclass=ABCMeta):
    def __init__(self):
        pass

    @abstractmethod
    def operation1(self):
        pass

    @abstractmethod
    def operation2(self):
        pass

    def template_method(self):
        print("Defining the Algorithm. Operation1 follows Operation2")
        self.operation2()
        self.operation1()


class ConcreteClass(AbstractClass):

    def operation1(self):
        print("My Concrete Operation1")

    def operation2(self):
        print("Operation 2 remains same")


class Client:
    def main(self):
        self.concreate = ConcreteClass()
        self.concreate.template_method()

client = Client()
client.main()
```

上述代码的输出结果如图 8-3 所示。

```
Defining the Algorithm. Operation1 follows Operation2
Operation 2 remains same
My Concrete Operation1
```

图 8-3

8.2 现实世界中的模板方法模式

让我们用一个非常容易理解的案例来实现模板方法模式。想象一个旅行社的例子，例如 Dev Travels。那么，他们通常是如何运作的呢？ 他们定义了各种旅游路线，并提供度假套装行程。一个行程套餐本质上是你作为客户允诺的一次旅行。旅行还涉及一些详细信息，如游览的地点、交通方式和与旅行有关的其他因素。当然，同样的行程可以根据客户的需求进行不同的定制。这种情况下，模板方法模式就有了用武之地，不是吗？

设计注意事项：

- 对于上述场景，根据 UML 图来看，我们应该创建一个定义旅行的 AbstractClass 接口；
- 旅行应包含多个抽象方法，定义所使用的交通方式，在第 1 天、第 2 天和第 3 天所游览的地点（假设这是一个为期 3 天的周末旅行），并定义回程；
- 模板方法 `itinerary()` 将实际定义该旅行的行程；
- 我们应该定义 `ConcreteClasses`，以帮助我们根据客户的需要对旅行进行相应的定制。

让我们使用 Python v3.5 开发一个应用程序，实现前面的用例。

让我们先从抽象类开始，即 `Trip`：

- 抽象对象由 `Trip` 类表示。它是一个接口（Python 的抽象基类），定义了不同日子使用的交通方式和参观的地点等细节；
- `setTransport` 是一个抽象方法，它由 `ConcreteClass` 实现，作用是设置交通方式；
- `day1()`、`day2()`、`day3()` 抽象方法定义了特定日期所参观的地点；
- `itinerary()` 模板方法创建完整的行程（即算法，在本例中为旅行）。旅行的序列为，首先定义交通模式，然后是每天要参观的地点，以及 `returnHome`。

以下代码实现了 Dev Travels 的用例：

```
from abc import abstractmethod, ABCMeta

class Trip(metaclass=ABCMeta):
```

```
    @abstractmethod
    def setTransport(self):
        pass

    @abstractmethod
    def day1(self):
        pass

    @abstractmethod
    def day2(self):
        pass

    @abstractmethod
    def day3(self):
        pass

    @abstractmethod
    def returnHome(self):
        pass

    def itinerary(self):
        self.setTransport()
        self.day1()
        self.day2()
        self.day3()
        self.returnHome()
```

我们还开发了代表具体类的某些类：

- 在本例中，我们主要有两个实现 Trip 接口的具体类：VeniceTrip 和 MaldivesTrip；
- 这两个具体类代表游客根据他们的选择和兴趣所进行的两次不同的旅行；
- VeniceTrip 和 MaldivesTrip 都实现了 setTransport()、day1()、day2()、day3()和 returnHome()。

让我们在 Python 代码中定义具体的类：

```
class VeniceTrip(Trip):
    def setTransport(self):
        print("Take a boat and find your way in the Grand Canal")
```

```
    def day1(self):
        print("Visit St Mark's Basilica in St Mark's Square")

    def day2(self):
        print("Appreciate Doge's Palace")

    def day3(self):
        print("Enjoy the food near the Rialto Bridge")

    def returnHome(self):
        print("Get souvenirs for friends and get back")


class MaldivesTrip(Trip):
    def setTransport(self):
        print("On foot, on any island, Wow!")

    def day1(self):
        print("Enjoy the marine life of Banana Reef")

    def day2(self):
        print("Go for the water sports and snorkelling")

    def day3(self):
        print("Relax on the beach and enjoy the sun")

    def returnHome(self):
        print("Dont feel like leaving the beach..")
```

现在，让我们来考察一下旅行社和希望度过一个愉快假期的游客：

- `TravelAgency` 类代表该示例中的 `Client` 对象；
- 它定义了 `arrange_trip()` 方法，让客户选择历史旅行或海滩旅行；
- 根据旅游者的选择，相应的类将被实例化；
- 这个对象然后调用 `itinerary()` 模板方法，并根据客户的选择为游客安排相应的旅行。

以下是 Dev 旅行社以及他们如何根据客户的选择安排旅行的具体实现：

```
class TravelAgency:
    def arrange_trip(self):
```

```
        choice = input("What kind of place you'd like to go historical
or to a beach?")
        if choice == 'historical':
            self.trip = VeniceTrip()
            self.trip.itinerary()
        if choice == 'beach':
            self.trip = MaldivesTrip()
            self.trip.itinerary()

TravelAgency().arrange_trip()
```

上述代码的输出应如图 8-4 所示。

```
What kind of place you'd like to go historical or to a beach?beach
On foot, on any island, Wow!
Enjoy the marine life of Banana Reef
Go for the water sports and snorkelling
Relax on the beach and enjoy the sun
Dont feel like leaving the beach..
```

图 8-4

如果你选择的是历史旅行，代码的输出将如图 8-5 所示。

```
What kind of place you'd like to go historical or to a beach?historical
Take a boat and find your way in the Grand Canal
Visit St Mark's Basilica in St Mark's Square
Appreciate Doge's Palace
Enjoy the food near the Rialto Bridge
Get souvenirs for friends and get back
```

图 8-5

8.3　模板方法模式——钩子

钩子是在抽象类中声明的方法，它通常被赋予一个默认实现。钩子背后的思想是为子类提供按需钩取算法的能力。但是，它并不强制子类使用钩子，它可以很容易地忽略这一点。

例如，在饮料的例子中，我们可以添加一个简单的钩子，看看调味品是否需要与茶或咖啡一起提供，具体视客户的意愿而定。

在旅行社示例中，也可以使用钩子。现在，如果我们有几个老年游客，他们可能不想在为期 3 天的旅行中每天都出去游玩，因为他们可能很容易疲劳。在这种情况下，我们可以开发一个钩子，以确保第 2 天的旅程缩短，这意味着他们可以去附近的几个地方游览，然后继续参与第 3 天的旅行计划。

通常情况下，当子类必须提供实现时，我们会使用抽象方法，并且当子类的实现不是强制的时候，我们就会使用钩子。

8.4 好莱坞原则与模板方法

好莱坞原则是一种设计原则，即不要给我们打电话，我们会打给你的。它来自好莱坞哲学，如果有适合演员的角色，影棚会给演员打电话。

在面向对象的世界中，我们允许低层组件使用好莱坞原则将自己挂入系统中。然而，高层组件确定低层系统的使用方式，以及何时需要它们。换句话说，高层组件对待低层组件的方式也是不要给我们打电话，我们会打电话给你。

这涉及模板方法模式，在这个意义上，它是高级抽象类，它安排定义算法的步骤。根据算法的工作方式，通过调用低层类来定义各个步骤的具体实现。

8.5 模板方法模式的优点和缺点

模板方法模式提供以下优点：

- 正如我们在本章前面所看到的，没有代码重复；
- 由于模板方法模式使用继承而不是合成，因此能够对代码进行重用。所以，只有为数不多的几个方法需要重写；
- 灵活性允许子类决定如何实现算法中的步骤。

模板方法模式的缺点如下：

- 调试和理解模板方法模式中的流程序列有时会令人困惑。你最终实现的方法可能是一个不应该实现的方法，或根本没有实现抽象方法。文档和严格的错误处理必须由程序员完成；
- 模板框架的维护可能是一个问题，因为任何层次（低层或高层）的变更都可能对实现造成干扰。因此，使用模板方法模式可能会使维护变得异常痛苦。

8.6 常见问答

Q1．是否应该禁止底层组件调用更高层组件中的方法？

A：不，底层组件当然通过继承来调用高层组件。然而，程序员需要注意的是，不要出现循环依赖性，即高层组件和底层组件彼此依赖。

Q2．策略模式是否类似于模板模式？

A：策略模式和模板模式都是封装算法。

模板取决于继承，而策略使用组合。模板方法模式是通过子类化在编译时进行算法选择，而策略模式是在运行时进行选择。

8.7 小结

在本章中，我们首先介绍了模板方法设计模式，以及如何在软件架构中有效地使用它。

我们还研究了如何使用模板方法设计模式来封装算法，并通过覆盖子类中的方法提供实现不同行为的灵活性。

我们还给出了这个模式的 UML 图，以及基于 Python v3.5 实现的代码示例和相关说明。与此同时，我们还对常见的问题进行了解答，以帮你进一步了解该模式背后的思想及其优缺点。在下一章中，我们将为大家介绍一个复合模式——MVC 设计模式。

第9章 模型—视图—控制器——复合模式

在上一章中，我们介绍了模板方法设计模式，该模式的子类可以重新定义算法的具体步骤，从而实现了灵活性和代码重用。同时，我们还讲解了模板方法以及如何使用它来构造具有一系列步骤的算法。之后，我们讨论了该模式的 UML 图及其优缺点，在常见问答部分进行了知识拓展，最后进行了总结。

在本章中，我们将讨论复合模式。我们将介绍模型—视图—控制器（MVC）设计模式，并讨论如何将其应用于软件应用程序的开发。同时，我们将提供相应的示例用例，以及基于 Python v3.5 的代码实现。

在本章中，主要涉及以下主题：

- 复合模式和模型—视图—控制器的简介；
- MVC 模式及其 UML 图；
- Python v3.5 代码实现的真实用例；
- MVC 模式的优点和缺点；
- 常见问答。

在本章结束时，我们将对所有内容进行总结。

9.1 复合模式简介

在本书中，我们探索了各种设计模式。正如我们所看到的，设计模式可分为三大类：结构型、创建型和行为型设计模式。同时，我们还给出了每种类型的相应示例。然而，在软件实现中，模式并是不孤立地工作的。对于所有软件设计或解决方案来说，很少出现仅利用一种设计模式来实现的情况。

实际上，这些模式通常需要同时使用并加以组合，以实现特定的设计解决方案。根据 GoF 的定义，“复合模式将两个或更多模式组合成解决常见或普遍性问题的解决方案。复合模式不是同时使用的一组模式，而是一个问题的通用解决方案。

接下来，我们将考察模型—视图—控制器复合模式，该模式是复合模式的最佳示例，并且已经在许多设计解决方案中应用多年了。

9.2　模型—视图—控制器模式

MVC 不仅是一种实现用户界面的软件模式，同时也是一种易于修改和维护的架构。通常来说，MVC 模式将应用程序分为 3 个基本部分：模型、视图和控制器。这 3 个部分是相互关联的，并且有助于将信息的处理与信息的呈现分离开来。

MVC 模式的工作机制为：模型提供数据和业务逻辑（如何存储和查询信息），视图负责数据的展示（如何呈现），而控制器是两者之间的粘合剂，根据用户要求的呈现方式来协调模型和视图。有趣的是，视图和控制器依赖于模型，而不是反过来。这主要是因为用户所关心的是数据。模型是可以独立工作的，这是 MVC 模式的关键所在。

通常来说，人们会用网站为例来介绍 MVC 模式。当你浏览网站时会发生什么呢？你点击一个按钮，几个操作发生，你会看到你想要的内容。这是怎么回事？

- 你是用户，与视图交互。视图就是提供给你的网页。你点击视图上的按钮，它告诉控制器需要做什么。
- 控制器从视图获取输入并将其发送到模型。然后，模型会根据用户执行的操作来完成相应的动作。
- 控制器还可以根据其从用户接收的操作（例如更改按钮，显示其他 UI 元素等）要求视图进行相应的改变。
- 模型将状态变化通知视图。这可以基于一些内部变化或外部触发，例如点击按钮等。
- 视图随后展示直接从模型获取的状态。例如，如果用户登录到网站，会给他/她呈现一个仪表板视图（登录后）。需要在仪表板中填写的所有详细信息都是由模型提供给视图的。

MVC 设计模式使用以下术语——模型、视图、控制器和客户端。

- 模型：声明一个存储和操作数据的类。
- 视图：声明一个类来构建用户界面和显示数据。
- 控制器：声明一个连接模型和视图的类。
- 客户端：声明一个类，根据某些操作来获得某些结果。

图 9-1 说明了 MVC 模式的流程。

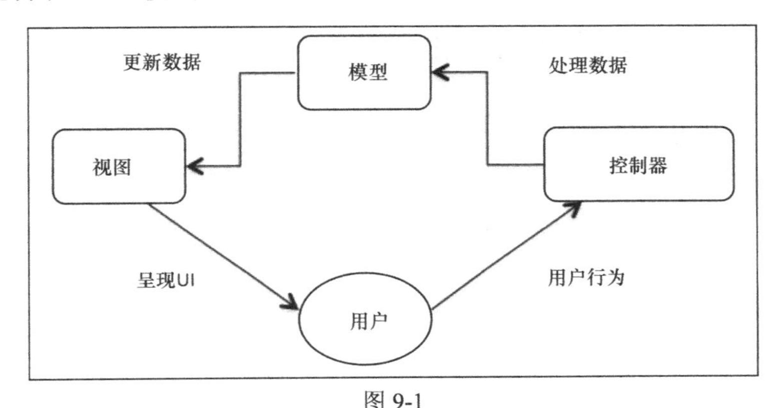

图 9-1

为了进一步探讨软件开发术语所说的 MVC 模式，先让我们来看看 MVC 模式中涉及的主要类。

- 模型类定义针对数据的所有操作（例如创建、修改和删除），并提供与数据使用方式有关的方法。
- 视图类代表用户界面。它提供相应的方法，帮助我们根据上下文和应用程序的需要来构建 Web 或 GUI 界面。它不应该包含自己的任何逻辑，而只应该用来显示收到的数据。
- 控制器类从请求接收数据，并将其发送到系统的其他部分。它需要提供用于路由请求的方法。

MVC 模式经常用于以下情况。

- 当需要更改展示方式而不更改业务逻辑时。
- 多个控制器可用于使用多个视图来更改用户界面上的展示。
- 再次重申，当模型改变时，视图无需改动，因为它们是相互独立的。

简而言之，MVC 模式的主要意图如下。

- 将数据和数据的展示隔离开来。
- 使类的维护和实现更加简单。
- 灵活地改变数据的存储和显示方式。两者都是独立的，因此可以灵活修改。

下面，我们开始深入了解模型、视图和控制器，实际上，在 Gennadiy Zlobin 所著的 *Learning Python Design Patterns*（Packt 出版）中，对此也有详细的介绍。

9.2.1 模型——了解应用程序的情况

模型是应用程序的基石，因为它独立于视图和控制器，而视图和控制器则依赖于模型。

模型还提供客户端请求的数据。通常，在应用程序中，模型由存储和返回信息的数据库表来表示。模型会提供状态以及改变状态的方法，但它不知道数据是如何展示给客户端的。

至关重要的是，模型必须在多个操作中保持一致；否则，客户端可能会损坏或展示过时的数据，这是无法容忍的。

由于模型是完全独立的，所以，开发模型的人员可以专注于维护模型本身，而无需关心视图的最新变化。

9.2.2 视图——外观

视图用来将数据展示在接口上，供客户查看。视图可以独立开发，但不应包含任何复杂的逻辑，因为逻辑应该放在控制器或模型中。

在当今世界中，视图需要足够灵活，并且应该适应多种平台，如桌面、手机、桌面和多种屏幕尺寸。

视图应避免与数据库直接交互，而是依靠模型来获取所需的数据。

9.2.3 控制器——胶水

控制器，顾名思义，就是控制用户在界面上的交互。当用户点击界面上的某些元素时，基于对应的交互（点击按钮或触摸），控制器调用相应的模型，然后模型完成创建、更新或删除数据等动作。

控制器还能将数据传递给视图，以便将信息呈现在接口上，供用户查看。

控制器不应该进行数据库调用或参与数据的展示。控制器应该作为模型和视图之间的粘合剂，并且要尽可能薄。

下面，我们将着手开发一个示例应用程序。下面给出的 Python 代码实现了一个 MVC 设计模式。假设我们想要开发一个应用程序，告诉用户云公司所提供的营销服务，包括电子邮件、短信和语音设施。

我们首先要开发 model 类（模型），定义产品提供的服务，即电子邮件、短信和语音。这里的每种服务都有特定的费率，例如每 1000 封电子邮件将向客户收取 2 美元，而每 1000 条短信，费用为 10 美元，同时每 1000 条语音留言的费用为 15 美元。因此，模型提供与产品服务和价格相关的数据。

然后，我们来定义 view 类（视图），它提供了将信息反馈给客户端的方法。这些方法是 list_services()和 list_pricing()，从方法名称不难看出，一个是用于打印产品提供的服务，另一个是用来列出服务的定价。

接下来，我们开始定义 Controller 类，这个类定义了两个方法，即 get_services()和 get_pricing()。这两个方法都是用来查询模型并获取数据的，然后将数据馈送到视图，从而展示给用户。

Client 类将实例化控制器，然后控制器对象就会根据客户端的请求来调用适当的方法：

```
class Model(object):
    services = {
                'email': {'number': 1000, 'price': 2,},
                'sms': {'number': 1000, 'price': 10,},
                'voice': {'number': 1000, 'price': 15,},
    }


class View(object):
    def list_services(self, services):
        for svc in services:
            print(svc, ' ')

    def list_pricing(self, services):
        for svc in services:
            print("For" , Model.services[svc]['number'],
                                svc, "message you pay $",
                              Model.services[svc]['price'])
```

```
class Controller(object):
    def __init__(self):
        self.model = Model()
        self.view = View()

    def get_services(self):
        services = self.model.services.keys()
        return(self.view.list_services(services))

    def get_pricing(self):
        services = self.model.services.keys()
        return(self.view.list_pricing(services))


class Client(object):
    controller = Controller()
    print("Services Provided:")
    controller.get_services()
    print("Pricing for Services:")
    controller.get_pricing()
```

上述代码的输出结果如图 9-2 所示。

```
Services Provided:
sms
email
voice
Pricing for Services:
For 1000 sms message you pay $ 10
For 1000 email message you pay $ 2
For 1000 voice message you pay $ 15
```

图 9-2

9.3　MVC 设计模式的 UML 类图

现在，让我们借助 UML 图来深入理解 MVC 模式。正如我们在上一节中讨论的那样，MVC 模式的主要参与者为：模型、视图和控制器类，如图 9-3 所示。

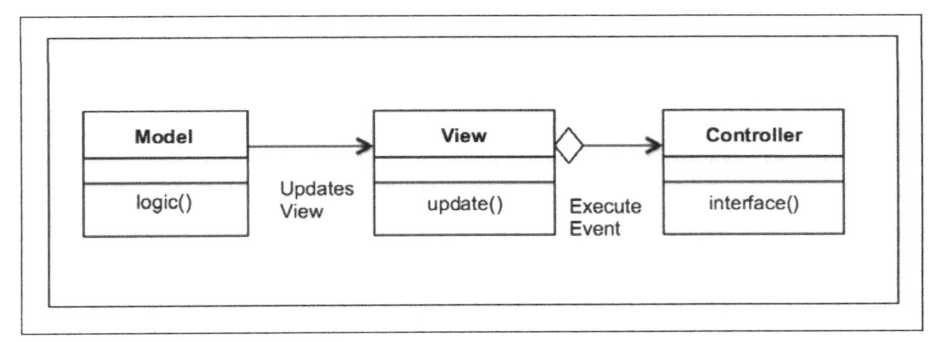

图 9-3

在 UML 图中，我们可以看到这个模式中的 3 个主要类。

- `Model` 类：定义与客户端的某些任务有关的业务逻辑或操作。
- `View` 类：定义客户端查看的视图或展示。模型根据业务逻辑向视图呈现数据。
- `Controller` 类：这实际上是视图和模型之间的接口。当客户端采取某些操作时，控制器将来自视图的查询传递给模型。

以下是一个代码示例，可以帮助我们理解该模式中所有参与者的交互情况：

```
class Model(object):
    def logic(self):
        data = 'Got it!'
        print("Model: Crunching data as per business logic")
        return data


class View(object):
    def update(self, data):
        print("View: Updating the view with results: ", data)


class Controller(object):
    def __init__(self):
        self.model = Model()
        self.view = View()

    def interface(self):
        print("Controller: Relayed the Client asks")
        data = self.model.logic()
        self.view.update(data)
```

```
class Client(object):
    print("Client: asks for certain information")
    controller = Controller()
    controller.interface()
```

上述代码的输出结果如图 9-4 所示。

```
Client: asks for certain information
Controller: Relayed the Cient asks
Model: Crunching data as per business logic
View: Updating the view with results:  Got it!
```

图 9-4

9.4 现实世界中的 MVC 模式

我们从前的 Web 应用程序框架也是基于 MVC 的优秀理念的。以 Django 或 Rails（Ruby）为例：它们都是以模式—视图—控制器格式来构造项目的，只是形式为模型、模版、视图（Model-Template-View，MTV），其中模型是数据库，模板是视图，控制器是视图/路由。举例来说，假设要用 Tornado Web 应用程序框架（http://www.tornadoweb.org/en/stable/）来开发一个单页应用程序。这个应用程序用于管理用户的各种任务，同时用户还具有添加任务、更新任务和删除任务的权限。

让我们来了解一下设计的注意事项：

- 让我们先从控制器开始。在 Tornado 中，控制器被定义为视图/应用程序路由。我们需要定义多个视图，例如列出任务、创建新任务、关闭任务，以及在无法处理请求时的操作；
- 我们还应该定义模型，即列出、创建或删除任务的数据库操作；
- 最后，视图由 Tornado 中的模板显示。对于应用程序来说，我们需要一个模板来显示、创建或删除任务，以及另一个模板用于没有找到 URL 时的情形。

9.4.1 模块

我们的应用程序需要用到以下模块：

- Torando==4.3

- SQLite3==2.6.0

首先，在我们的应用程序中导入相应的 Python 模块：

```
import tornado
import tornado.web
import tornado.ioloop
import tornado.httpserver
import sqlite3
```

下面的代码提供了数据库操作，实际上就是 MVC 中的模型。在 Tornado 中，数据库操作是在不同的处理程序下执行的。处理程序根据用户在 Web 应用程序中请求的路由对数据库执行操作。在这里讨论的是在这个例子中创建的 4 个处理程序。

- `IndexHandler`：返回存储在数据库中的所有任务。它返回一个与关键任务有关的字典。它执行 SELECT 数据库操作来获取这些任务。
- `NewHandler`：顾名思义，它对添加新任务很有用。它检查是否有一个 POST 调用来创建一个新任务，并在数据库中执行 INSERT 操作。
- `UpdateHandler`：在将任务标记为完成或重新打开给定任务时非常有用。在这种情况下，将执行 `UPDATE` 数据库操作，将任务的状态设置为 open / closed。
- `DeleteHandler`：这将从数据库中删除指定的任务。一旦删除，任务将会从任务列表中消失。

我们还开发了一个`_execute()`方法，它以 SQLite 查询作为输入并执行所需的数据库操作。`_execute()`方法对 SQLite DB 执行以下操作：

- 创建 SQLite DB 连接；
- 获取游标对象；
- 使用游标对象执行事务；
- 提交查询；
- 关闭连接。

让我们看看 Python 实现中的处理程序：

```
class IndexHandler(tornado.web.RequestHandler):
    def get(self):
        query = "select * from task"
```

```
        todos = _execute(query)
        self.render('index.html', todos=todos)

class NewHandler(tornado.web.RequestHandler):
    def post(self):
        name = self.get_argument('name', None)
        query = "create table if not exists task (id INTEGER \
            PRIMARY KEY, name TEXT, status NUMERIC) "
        _execute(query)
        query = "insert into task (name, status) \
            values ('%s', %d) " %(name, 1)
        _execute(query)
        self.redirect('/')

    def get(self):
        self.render('new.html')


class UpdateHandler(tornado.web.RequestHandler):
    def get(self, id, status):
        query = "update task set status=%d where \
            id=%s" %(int(status), id)
        _execute(query)
        self.redirect('/')


class DeleteHandler(tornado.web.RequestHandler):
    def get(self, id):
        query = "delete from task where id=%s" % id
        _execute(query)
        self.redirect('/')
```

当考察这些方法时，你会注意到一些名为 `self.render()`的东西。

这基本上就是 MVC 中的视图（Tornado 框架中的模板）。

我们有 3 个主要模板。

- `index.html`：这是一个用于列出所有任务的模板。
- `new.html`：这是用于创建新任务的视图。
- `base.html`：这是继承其他模板的基本模板。

参考下面的代码：

```
base.html
<html>
<!DOCTYPE>
<html>
<head>
       {% block header %}{% end %}
</head>
<body>
       {% block body %}{% end %}
</body>
</html>

index.html

{% extends 'base.html' %}
<title>ToDo</title>
{% block body %}
<h3>Your Tasks</h3>
<table border="1" >
<tralign="center">
<td>Id</td>
<td>Name</td>
<td>Status</td>
<td>Update</td>
<td>Delete</td>
</tr>
    {% for todo in todos %}
<tralign="center">
<td>{{todo[0]}}</td>
<td>{{todo[1]}}</td>
            {% if todo[2] %}
<td>Open</td>
            {% else %}
<td>Closed</td>
            {% end %}
            {% if todo[2] %}
<td><a href="/todo/update/{{todo[0]}}/0">Close Task</a></td>
            {% else %}
<td><a href="/todo/update/{{todo[0]}}/1">Open Task</a></td>
            {% end %}
<td><a href="/todo/delete/{{todo[0]}}">X</a></td>
</tr>
    {% end %}
```

```
</table>

<div>
<h3><a href="/todo/new">Add Task</a></h3>
</div>
{% end %}

new.html

{% extends 'base.html' %}
<title>ToDo</title>
{% block body %}
<div>
<h3>Add Task to your List</h3>
<form action="/todo/new" method="post" id="new">
<p><input type="text" name="name" placeholder="Enter task"/>
<input type="submit" class="submit" value="add" /></p>
</form>
</div>
{% end %}
```

在 Tornado 中，我们还有应用程序路由，它们相当于 MVC 中的控制器。

在这个示例中，我们有 4 个应用程序路由。

- /：这用于列出所有任务的路由。
- /todo/new：这是创建新任务的路由。
- /todo/update：这是将任务状态更新为打开或关闭的路由。
- /todo/delete：这是删除已完成任务的路由。

代码示例如下所示：

```
class RunApp(tornado.web.Application):
    def __init__(self):
        Handlers = [
            (r'/', IndexHandler),
            (r'/todo/new', NewHandler),
            (r'/todo/update/(\d+)/status/(\d+)', UpdateHandler),
            (r'/todo/delete/(\d+)', DeleteHandler),
        ]
        settings = dict(
            debug=True,
```

```
            template_path='templates',
            static_path="static",
        )
        tornado.web.Application. __init__(self, Handlers, \
            **settings)
```

我们还提供了应用程序设置，并且可以启动 HTTP Web 服务器来运行应用程序：

```
if__name__ == '__main__':
    http_server = tornado.httpserver.HTTPServer(RunApp())
    http_server.listen(5000)
    tornado.ioloop.IOLoop.instance().start()
```

当我们运行这个 Python 程序时：

1．服务器将启动，并在端口 5000 上运行，适当的视图、模板和控制器已经配置好了；

2．浏览 http:// localhost:5000 /，可以看到任务列表。

图 9-5 显示了浏览器中的输出内容。

Your Tasks

Id	Name	Status	Update	Delete
1	New Task	Open	Close Task	X
2	Wash clothes	Closed	Open Task	X
3	Cook food	Open	Close Task	X
4	Thats enough	Open	Close Task	X
5	Wow! A new Task	Open	Close Task	X

Add Task

图 9-5

3．我们还可以添加新任务。一旦你点击 ADD 按钮，就会添加一个新的任务。在以下屏幕截图中，添加了一个新任务“Write the New Chapter”，并显示在任务列表中，如图 9-6 所示。

图 9-6

当我们输入新任务并单击 ADD 按钮时，任务将添加到现有任务列表中，如图 9-7 所示。

Your Tasks

Id	Name	Status	Update	Delete
1	New Task	Open	Close Task	X
2	Wash clothes	Closed	Open Task	X
3	Cook food	Open	Close Task	X
4	Thats enough	Open	Close Task	X
5	Wow! A new Task	Open	Close Task	X
6	Write the New Chapter	Open	Close Task	X

Add Task

图 9-7

4．我们可以关闭UI的任务。例如，我们更新Cook food 任务，那么列表也会更新。如果愿意，我们还可以重新打开任务，如图9-8所示。

Your Tasks

Id	Name	Status	Update	Delete
1	New Task	Open	Close Task	X
2	Wash clothes	Closed	Open Task	X
3	Cook food	Closed	Open Task	X
4	Thats enough	Open	Close Task	X
5	Wow! A new Task	Open	Close Task	X
6	Write the New Chapter	Open	Close Task	X

图 9-8

5．我们也可以删除任务。在这里，我们删除第一个任务——New Task，这时任务列表就会进行相应的更新以删除该任务，如图9-9所示。

Your Tasks

Id	Name	Status	Update	Delete
2	Wash clothes	Closed	Open Task	X
3	Cook food	Closed	Open Task	X
4	Thats enough	Open	Close Task	X
5	Wow! A new Task	Open	Close Task	X
6	Write the New Chapter	Open	Close Task	X

图 9-9

9.4.2 MVC 模式的优点

以下是 MVC 模式的优点。

- 使用 MVC，开发人员可以将软件应用程序分为 3 个主要部分：模型、视图和控制器。这有助于提高可维护性，强制松耦合，并降低复杂性。
- MVC 允许对前端进行独立更改，而对后端逻辑无需任何修改或只需进行很少的更改，因此开发工作仍可以独立运行。
- 类似地，可以更改模型或业务逻辑，而无需对视图进行任何更改。
- 此外，可以更改控制器，而不会对视图或模型造成任何影响。
- MVC 还有助于招聘具有特定能力的人员，例如平台工程师和 UI 工程师，他们可以在自己的专业领域独立工作。

9.5 常见问答

Q1. MVC 是不是一种模式？为什么被称为复合模式？

A：本质上来说，复合模式就是相互配合共同解决软件应用程序开发中的大型设计问题的一组模式。MVC 模式是最受欢迎的同时也是应用最为广泛的复合模式。由于它的应用如此广泛而可靠，所以它通常被看作是一个模式。

Q2. MVC 只能用于网站吗？

A：不，网站是描述 MVC 的最好的例子。然而，MVC 可以用于多个领域，例如 GUI 应用程序或任何其他需要松散耦合和需要拆分组件使其保持独立的地方。MVC 的典型示例包括博客、电影数据库应用程序和视频流 Web 应用程序。虽然 MVC 在许多地方都很有用，但如果你将它用于着陆页、市场营销内容或快速单页应用程序，那也没什么好说的。

Q3. 多个视图可以使用多个模型吗？

A：是的，通常你最终会遇到需要从多个模型整理数据并在一个视图中显示的情况。一对一地映射在当今的网络应用程序世界中是非常罕见的。

9.6 小结

在本章中的开头部分，我们首先介绍了复合模式的概念，同时了解了模型—视图—控制器模式以及如何将其有效地应用于软件架构中。接着，我们研究了如何使用 MVC 模式来确保松散耦合并维护一个用于独立任务开发的多层框架。然后，我们还通过 UML 图加深了对该模式的理解，并给出了该模式的 Python v3.5 示例代码以及相应的注释。同时，我们还通过常见问题问答部分提供了与该模式有关的更多思想，最后介绍了该模型的优缺点。在本书的最后，我们将讨论反模式。

第 10 章 状态设计模式

在本章中，我们将为读者介绍状态设计模式。就像命令或模板设计模式一样，状态模式也属于行为模式的范畴。

下面，我们将向读者介绍状态设计模式，以及如何将其应用于软件应用程序开发。在此过程中，我们将介绍一个示例、一个真实的场景以及该模式的 Python V3.5 代码实现。

我们将在本章中简要介绍下列主题：

- 状态设计模式简介；
- 状态设计模式及其 UML 图；
- 利用 Python v3.5 代码实现的真实用例；
- 状态模式的优缺点。

在本章结尾处，我们将向读者介绍状态设计模式的应用和场景。

10.1 定义状态设计模式

行为模式关注的是对象的响应性。它们通过对象之间的交互以实现更强大的功能。状态设计模式是一种行为设计模式，有时也被称为状态模式的对象。在此模式中，一个对象可以基于其内部状态封装多个行为。状态模式也可以看作是在运行时改变对象行为的一种方式。

小技巧：

实际上，在运行时改变行为正好是 Python 所擅长的事情！

下面，我们以收音机为例进行说明。收音机具有AM/FM（切换开关）两种调频方式和一个扫描按钮，该按钮可扫描多个FM/AM频道。当用户打开无线电时，收音机的基本状态已经设置好了（例如，它被设置为FM）。通过单击扫描按钮，可以将收音机调谐到多个有效的FM频率或频道。然后，当基本状态改为AM时，扫描按钮则会帮助用户调谐到多个AM频道。因此，根据收音机的基本状态（AM/FM），当调谐到AM或FM频道时，扫描按钮的行为就会动态地改变。

因此，状态模式允许对象在其内部状态变化时改变其行为。这看起来就像对象本身已经改变了它的类一样。状态设计模式常用于开发有限状态机，并帮助协调状态处理操作。

10.1.1 理解状态设计模式

状态设计模式在3个主要参与者的协助下工作。

- `State`：这被认为是封装对象行为的接口。这个行为与对象的状态相关联。
- `ConcreteState`：这是实现`State`接口的子类。`ConcreteState`实现与对象的特定状态相关联的实际行为。
- `Context`：这定义了客户感兴趣的接口。`Context`还维护一个`ConcreteState`子类的实例，该子类在内部定义了对象的特定状态的实现。

下面我们来考察带有上述3个参与者的状态设计模式的结构代码实现。在这个代码实现中，我们定义了一个具有`Handle()`抽象方法的状态接口。`ConcreteState`类，`ConcreteStateA`和`ConcreteStateB`用于实现状态接口，同时，定义的`Handle()`方法是特定于`ConcreteState`类。因此，当`Context`类被设置为一个状态时，该状态的`Concrete`类的`Handle()`方法就会被调用。在以下示例中，由于`Context`设置为`stateA`，因此将调用`ConcreteStateA.Handle()`方法并打印`ConcreteStateA`：

```
from abc import abstractmethod, ABCMeta

class State(metaclass=ABCMeta):

    @abstractmethod
    def Handle(self):
        pass


class ConcreteStateB(State):
    def Handle(self):
```

```
        print("ConcreteStateB")


class ConcreteStateA(State):
    def Handle(self):
        print("ConcreteStateA")


class Context(State):

    def __init__(self):
        self.state = None

    def getState(self):
        return self.state

    def setState(self, state):
        self.state = state

    def Handle(self):
        self.state.Handle()


context = Context()
stateA = ConcreteStateA()
stateB = ConcreteStateB()

context.setState(stateA)
context.Handle()
```

我们将看到图 10-1 所示的输出。

```
ConcreteStateA
```

图 10-1

10.1.2 通过 UML 图理解状态设计模式

正如我们在上一节中看到的那样，在 UML 图中有 3 个主要参与者：State、ConcreteState 和 Context。在本节中，我们将利用 UML 类图来展示它们，如图 10-2 所示。

首先，让我们详细了解一下 UML 图的组成元素。

- State：这是一个定义了 Handle() 抽象方法的接口。Handle() 方法需要通过 ConcreteState 类来实现。

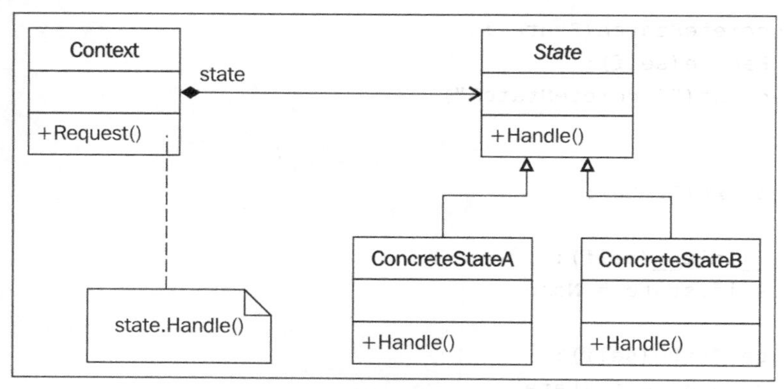

图 10-2

- ConcreteState：在这个 UML 图中，我们定义了两个 Concrete 类：ConcreteStateA 和 ConcreteStateB。它们都实现了 Handle() 方法，并可以根据状态的变化定义要采取的实际动作。
- Context：这是一个接受客户端请求的类。它还维护着对象的当前状态的引用。这样，就可以根据相应的请求，来调用具体的行为了。

10.2　状态设计模式的简单示例

让我们用一个简单的例子来充分了解该模式中的 3 个参与者。假设要用一个简单的按钮来实现电视遥控器，执行开/关动作。如果电视打开，这个遥控器按钮将关闭电视，反之亦然。在这种情况下，State 接口将会定义相应的方法（例如，doThis()）来执行诸如打开/关闭电视等操作。我们还需要定义 Concrete 类来处理不同的状态。在这个例子中，我们有两个主要状态，StartState 和 StopState，它们分别表示电视的打开状态和电视的关闭状态。

就本例来说，TVContext 类将实现 State 接口并维护对当前状态的引用。根据相应的请求，TVContext 将它们转发到相应的 ConcreteState 类，这个类实现了（针对给定状态的）实际行为，从而执行所需的操作。因此，在这种情况下，基本状态是 StartState（如前面定义的），TVContext 类接收的请求是关闭电视。TVContext 类可以理解该需求，并相应地将它转发到 StopState 相应的类，之后这个类就会从内部调用 doThis() 方法来实际关闭电视：

```
from abc import abstractmethod, ABCMeta

class State(metaclass=ABCMeta):

    @abstractmethod
    def doThis(self):
        pass


class StartState (State):
    def doThis(self):
        print("TV Switching ON..")


class StopState (State):
    def doThis(self):
        print("TV Switching OFF..")


class TVContext(State):

    def __init__(self):
        self.state = None

    def getState(self):
        return self.state

    def setState(self, state):
        self.state = state

    def doThis(self):
        self.state.doThis()


context = TVContext()
context.getState()

start = StartState()
stop = StopState()

context.setState(stop)
context.doThis()
```

图 10-3 是上述代码的输出结果。

```
TV Switching OFF..
```

图 10-3

使用 Python v3.5 实现的状态设计模式

下面，我们将考察一个状态设计模式的真实用例。例如，以一个计算机系统（台式机/笔记本电脑）为例：它可以有多个状态，如开机、关机、挂起或休眠。现在，如果想利用状态设计模式来表述这些状态，具体该如何去做呢？ 首先，我们不妨从 ComputerState 接口开始入手：

- state 应定义两个属性，它们是 name 和 allowed。属性 name 表示对象的状态，而属性 allowed 是定义允许进入的状态的对象的列表；
- state 必须定义一个 switch()方法，由它来实际改变对象（在这种情况下是计算机）的状态。

下面，让我们来看看 ComputerState 接口的代码实现：

```
class ComputerState(object):
    name = "state"
    allowed = []

    def switch(self, state):
        if state.name in self.allowed:
            print('Current:',self,' => switched to new state',state.
name)
            self. __class__ = state
        else:
            print('Current:',self,' => switching to',state.name,'not
possible.')

    def __str__(self):
        return self.name
```

下面，我们来考察实现了 State 接口的 ConcreteState。

我们定义了 4 个状态。

- On：这将打开计算机。这时候允许的状态是 Off、Suspend 和 Hibernate。

- Off：这将关闭计算机。这时候允许的状态只有 On。
- Hibernate：该状态将计算机置于休眠模式。当计算机处于这种状态时，只能执行打开操作。
- Suspend：该状态将使计算机挂起，一旦计算机挂起，就可以执行打开操作。

让我们来看看具体代码：

```
class Off(ComputerState):
    name = "off"
    allowed = ['on']

class On(ComputerState):
    name = "on"
    allowed = ['off','suspend','hibernate']

class Suspend(ComputerState):
    name = "suspend"
    allowed = ['on']

class Hibernate(ComputerState):
    name = "hibernate"
    allowed = ['on']
```

现在，我们来考察 context 类（Computer）。上下文需要做两个主要的事情：

- __init __()：该方法定义了计算机的基本状态。
- change()：该方法将更改对象的状态，但是行为的实际更改是由 ConcreteState 类实现（on、off、suspend 和 hibernate）的。

下面给出上述方法的具体实现代码：

```
class Computer(object):
    def __init__(self, model='HP'):
        self.model = model
        self.state = Off()

    def change(self, state):
        self.state.switch(state)
```

以下是客户端的代码。我们创建了 Computer 类（Context）的对象，并传递一个状态给它。该状态可以是 4 种状态中的任意一种：On、Off、Suspend 和 Hibernate。根据这个新状态，context会调用相应的更改（状态）的方法，而计算机的实际状态的切换最终是由这个方法来完成的：

```
if __name__ == "__main__":
    comp = Computer()
    # Switch on
    comp.change(On)
    # Switch off
    comp.change(Off)

    # Switch on again
    comp.change(On)
    # Suspend
    comp.change(Suspend)
    # Try to hibernate - cannot!
    comp.change(Hibernate)
    # switch on back
    comp.change(On)
    # Finally off
    comp.change(Off)
```

现在，我们可以看到如图10-4所示的输出。

```
Current: off  => switched to new state on
Current: on  => switched to new state off
Current: off  => switched to new state on
Current: on  => switched to new state suspend
Current: suspend  => switching to hibernate not possible
Current: suspend  => switched to new state on
Current: on  => switched to new state off
```

图10-4

`__class__`是每个类的内部属性。它是对类的引用。例如，`self.__class__.__name__`表示类的名称。在本例中，我们使用Python的`__class__`属性来改变状态。因此，当我们将状态传递给`change()`方法时，对象的类就可以在运行时动态更改。代码`comp.change(On)`将对象状态更改为`On`，然后就可以更改为不同的状态了，例如`Suspend`、`Hibernate`和`Off`。

10.3 状态模式的优缺点

下面是状态设计模式的优点。

- 在状态设计模式中，对象的行为是其状态的函数结果，并且行为在运行时根据状态而改变。这消除了对 if/else 或 switch/case 条件逻辑的依赖。例如，在电视远程遥控的场景中，我们还可以通过简单地写一个类和方法来实现相应的行为，但是该类和方法将用到参数，并使用 if/else 语句块来执行具体操作（打开/关闭电视）。

- 使用状态模式，实现多态行为的好处是显而易见的，并且更易于添加状态来支持额外的行为。
- 状态设计模式还提高了聚合性，因为特定于状态的行为被聚合到 `ConcreteState` 类中，并且放置在代码中的同一个地方。
- 使用状态设计模式，通过只添加一个 `ConcreteState` 类来添加行为是非常容易的。因此，状态模式不仅改善了扩展应用程序行为时的灵活性，而且全面提高了代码的可维护性。

我们已经介绍了状态模式的优势。但是，它们也有几点不足。

- 类爆炸：由于每个状态都需要在 `ConcreteState` 的帮助下定义，因此我们可能导致创建了太多功能较为单一的类。我们不妨考虑有限状态机的情况—— 如果有许多状态，但每个状态与另一个状态没有太大不同，我们仍然需要将它们写成单独的 `ConcreteState` 类。这既增加了代码量，又使得状态机的结构更加难以审查。
- 随着每个新行为的引入(即使添加行为只是添加一个 `ConcreteState`)，`Context` 类都需要进行相应的更新以处理每个行为。这使得上下文行为更容易受到每个新的行为的影响。

10.4 小结

现在对本章内容进行总结，我们知道在状态设计模式中，对象的行为是根据它的状态来决定的。此外，对象的状态可以在运行时更改。由于 Python 支持在运行时改变行为，这使得状态设计模式的应用和实现变得更加简单了。状态模式还允许我们控制对象的状态，这一点我们已经在本章前面计算机示例中加以举例说明了。`Context` 类为客户端提供了一个更加简单的接口，同时 `ConcreteState` 能够让向对象添加行为变得更加容易。

因此，状态模式不仅提高了内聚性，而且易于扩展，同时还能清除冗余代码块。我们以 UML 图的形式对该模式进行了理论探讨，并通过 Python v3.5 代码实现了状态模式。此外，我们还介绍了在状态模式中可能遇到的几个缺陷，同时，在添加更多状态或行为时代码的数量会显著增加。祝阅读愉快！

第 11 章 反模式

在上一章中，我们首先介绍了复合模式，然后讲解了如何协同各种设计模式来解决现实世界的设计问题。接着，介绍了复合模式之王——模型—视图—控制器模式。我们知道，MVC 模式非常适用于要求组件之间松耦合以及数据存储方式和呈现方式相分离的情形。然后，我们考察了 MVC 模式的 UML 图，以及各个组件（模型、视图和控制器）之间的协同原理。此外，在 Python 实现的帮助下，我们考察了该模式在现实世界中的应用。之后，我们讨论了 MVC 模式的优点，给出了常见问题的解答，最后进行了小结。

在本章中，我们将探讨反模式。本章不同于书中的其他章节，在这里介绍的是作为架构师和软件工程师不应该做什么。我们将首先引入反模式的概念，然后通过一些理论和实践方面的示例，介绍它们在软件设计或开发方面的具体表现。

简而言之，我们将在本章中讨论以下主题：

- 反模式简介；
- 反模式示例；
- 开发过程中的常见陷阱；

在本章结尾处，我们将对整个章节的内容进行全面的总结。

11.1 反模式简介

软件设计原则提供了一套规则或准则，能够帮助软件开发人员在设计层面进行决策。据 Robert Martin 称，不良设计主要表现在 4 个方面。

- 不动性：以这种方式开发的应用程序非常难以重用。

- 刚性：以这种方式开发的应用程序，任何小的修改都会导致软件的太多部分必须进行相应的改动，所谓“牵一发而动全身”。
- 脆弱性：当前应用程序的任何更改都会导致现有系统变得非常容易崩溃。
- 粘滞性：由于架构层面的修改非常困难，因此修改必须由开发人员在代码或环境本身中进行。

如果设计不当，上述问题将导致软件架构或开发方面的不良解决方案。

反模式是处理重复出现问题的某些解决方案的后果，因为这些方案是无效的，甚至会适得其反。这是什么意思？假设你遇到了一个软件设计问题，然后，你着手解决了这个问题。但是，该解决方案是否对设计产生负面影响，或影响应用程序的性能呢？ 因此，反模式是应用软件中常见的有缺陷的过程和实现。

反模式可能是由以下原因所致。

- 开发人员不了解软件开发实践。
- 开发人员没有将设计模式应用到正确的上下文中。

实际上，反模式也是有益的，毕竟通过它我们有机会实现以下目标。

- 识别软件行业中经常出现的问题，并为其中的大多数问题提供详细的补救措施。
- 开发相应的工具来识别这些问题，并确定其根本原因。
- 描述可用于应用程序和架构层次上的改进措施。

反模式可以分为两大类。

1. 软件开发反模式。
2. 软件架构反模式。

11.2 软件开发反模式

当应用程序或项目进入软件开发阶段时，就需要考虑代码结构了。这种结构需要与产品架构、设计、客户使用案例以及许多其他开发考虑因素保持一致。

通常情况下，在进行软件开发时，往往会偏离最初的代码结构，原因如下。

- 开发人员的想法会随着开发过程的推进而发生变化。

- 用例通常会随着客户的反馈而进行更改。
- 最初设计的数据结构可能会随功能或可伸缩性等方面的考虑而发生变化。

基于上述原因，软件通常需要进行重构。虽然重构带有许多负面含义，但实际上，重构是软件开发过程的关键部分之一，为开发人员提供了一个机会来重新评估数据结构，并重新审视可扩展性和不断变化的客户需求。

下面，我们将列举软件开发和架构中的几种反模式，并简要介绍其原因、症状和后果。

11.2.1 意大利面条式代码

这是软件开发中最"喜闻乐见"的反模式。你见过意大利面吗？太错综复杂了,不是吗？如果以特殊的方式开发结构，软件控制流也会变得错综复杂。意大利面条式代码是非常难以维护和优化的。

意大利面条式代码的典型成因包括：

- 对面向对象编程和分析的无知；
- 没有考虑产品的架构或设计；
- 快餐式思维。

当你遭遇意大利面条式代码时，就会面临下列问题：

- 结构的重用性将会降到最低；
- 维护工作量过高；
- 进行修改时，扩展性和灵活性会降低。

11.2.2 金锤

在软件行业，你会见到这样的情况：由于某个解决方案（技术、设计或模块）在多个项目中效果不错，所以就把它推广到更多的地方。正如我们在本书中看到的各种例子一样，如果一个解决方案非常适合某种特定场景，那么就可以用来解决这种类型的问题。然而，团队或软件开发人员通常会有这样一种倾向：一头扎进一个成熟的解决方案，而不管其是否满足适用性。这就是"金锤"这个名称的由来，意思是一把锤子搞定所有的钉子（解决所有问题）。

之所以出现金锤，典型的原因有如下几个：

- 来自不了解具体问题的高层（架构师或技术领袖）的建议；
- 虽然某解决方案在过去多次验证有效，但当前项目却具有不同的背景和要求；
- 公司已经被这种技术“绑架”了，因为他们已经在它上面投资了大量资金来培训员工，或员工们对这种技术情有独钟，因为已经用顺手了。

金锤的影响如下所示：

- 痴迷于一个解决方案，并把它应用于所有软件项目；
- 不是通过功能，而是通过开发中使用的技术来描述产品；
- 你会在公司走廊中听到开发人员说“怎么可能比这个解决方案更好呢”；
- 没有满足需求，造成与用户的预期不符。

11.2.3 熔岩流

这个反模式与软件应用程序中的死代码或一段用不到的代码有关，并且，人们害怕一旦对其进行修改，就会破坏其他东西。随着时间的流逝，这段代码会一直留在软件中并固化其位置，就像熔岩变成硬岩一样。它常见于这样的情形中：开发的软件是用来支持某个用例的，刚开始并没有什么问题，但如果用例本身会随时间变化的话，那么这个问题就迎面而来了。

熔岩流的成因包括以下几个：

- 在产品中有大量的试错代码；
- 由一个人单独编写的代码，未经审查，就在没有任何培训的情况下移交给了其他开发团队；
- 软件架构或设计的初始思想是通过代码库实现的，但没有人能理解它。

熔岩流的症状如下：

- 开发的测试工作（如果完成的话）具有很低的代码覆盖率；
- 代码中含有莫名奇妙的注释；
- 过时的接口，或开发人员需要围绕既有代码展开工作；

11.2.4 复制粘贴或剪切粘贴式编程

正如你所知，这是最常见的反模式之一。许多经验丰富的开发人员会将自己的代码片段放到网络上面（GitHub 或 Stack Overflow），从而为一些常见问题提供相应的解决方案。有些开发人员为了提高开发进度，经常会原封不动地复制这些片段，并用于自己的应用程序中。在这种情况下，根本没有考虑这些代码是否经过了最大程度的优化，甚至连是否真正适合当前的场景都无法确保。这将导致开发的软件应用程序缺乏灵活性，同时变得难以维护。

导致复制粘贴或剪切粘贴式编程的原因如下：

- 新手开发者不习惯编写代码或不知道如何开发代码；
- 快速修复 bug 或“急就章”式的开发；
- 代码重复，无法满足跨模块标准化以及代码结构化的要求；
- 缺乏长远打算或深谋远虑。

剪切粘贴或复制粘贴式编程的后果包括：

- 多个软件应用程序存在同种类型的问题；
- 维护成本会更高，同时 bug 的生命周期也会变得更长；
- 较少的模块化代码库，相同的代码会散落于多处；
- 继承问题。

11.3 软件架构反模式

软件架构是整个系统架构的重要组成部分。虽然系统架构需要侧重于诸如设计、工具和硬件等方面，但软件架构则侧重于软件建模，以便于开发和测试团队、产品经理和其他利益相关者充分理解系统。这个架构在软件的实现能否成功以及确定产品的工作方式方面发挥了关键作用。

我们将讨论在开发和实现软件架构过程中实际观察到的一些架构级反模式。

11.3.1 重新发明轮子

我们经常听到技术领袖说“不要重新发明轮子”。那么，这句话到底是什么意思？ 对于一些人来说，这可能意味着代码或库的重用。但是实际上，它指的是架构的重用。例如，你已经解决了一个问题，并提出了一个架构级的解决方案。如果你在其他应用程序中遇到了类似的问题，那么就可以重用在此前开发过程中所形成的思维流程（即架构或设计）。重新审视相同的问题并为它重新设计解决方案并没有什么意义，这基本上就是重新发明轮子。

导致重新发明轮子的原因如下：

- 缺乏中央文档或存储库来讲解架构级问题和存放已实现的解决方案；
- 社区或公司内的技术领袖之间缺乏沟通；
- 组织中遵循的流程是从头开始构建的，通常情况下，这样的流程是不成熟的，并且流程的实现通常是不严谨的，并且很难坚持。

这种反模式的后果如下所示：

- 解决一个标准问题的解决方案太多，其中许多解决方案考虑得并不周全；
- 会耗费工程团队更多的时间和资源，导致预算超标，上市时间延后；
- 封闭的系统架构（仅适用于一种产品的架构）、重复劳动和糟糕的风险管理。

11.3.2 供应商套牢

正如这种反模式的名称所示，产品公司往往依赖于供应商提供的某些技术。这些技术对于他们的系统来说如此密不可分，以至于系统很难摆脱这些技术。

以下是导致供应商锁定的原因：

- 熟悉供应商公司的权威人士以及技术采购的可能折扣；
- 基于营销和销售业务而不是技术评估选择的技术；
- 在当前项目中使用经过验证的技术（验证表明，使用此技术的投资回报率非常高），即使它不适合当前项目的需要或要求；
- 技术人员/开发人员已经接受过相关技术的培训。

供应商锁定的后果如下所示：

- 公司产品的发布周期和维护周期直接取决于供应商的发布时间；
- 该产品是围绕该技术而不是根据客户的要求开发的；
- 产品上市时间不可靠，不能满足客户的期望。

11.3.3 委员会设计

有时，根据组织中的流程，一群人会坐在一起来设计特定的系统，所得到的软件架构通常是复杂的或不合格的。因为这涉及太多的思维过程，并且这些设计思想可能是由没有相应的技能或相应产品设计经验的技术专家所提出的。

委员会设计的原因如下：

- 根据组织的流程，产品的架构或设计是由众多的利益相关者批准的；
- 没有指定单独的联系人或负责设计的架构师；
- 由营销或技术专家确定设计优先级，而不是由客户反馈来确定。

与该模式有关的症状如下所示：

- 开发人员和架构师之间的观点冲突，即使在设计完成后依旧如此；
- 过于复杂的设计，很难记录；
- 规格或设计的任何改动都需要经过多次审查，导致实现延迟。

11.4　小结

在本章中，我们学习了反模式的定义及其分类，还了解到，反模式与软件开发或软件架构密切相关。我们考察了常见的反模式，并学习了其成因、症状和后果。

我相信你会从中吸取教训，从而避免在自己的项目中出现类似的情况。还有，这是本书的最后一章。希望你喜欢本书，同时希望它能帮助你提高自身的技能。祝你一切顺利！

欢迎来到异步社区！

异步社区的来历

异步社区（www.epubit.com.cn）是人民邮电出版社旗下 IT 专业图书旗舰社区，于 2015 年 8 月上线运营。

异步社区依托于人民邮电出版社 20 余年的 IT 专业优质出版资源和编辑策划团队，打造传统出版与电子出版和自出版结合、纸质书与电子书结合、传统印刷与 POD 按需印刷结合的出版平台，提供最新技术资讯，为作者和读者打造交流互动的平台。

社区里都有什么？

购买图书

我们出版的图书涵盖主流 IT 技术，在编程语言、Web 技术、数据科学等领域有众多经典畅销图书。社区现已上线图书 1000 余种，电子书 400 多种，部分新书实现纸书、电子书同步出版。我们还会定期发布新书书讯。

下载资源

社区内提供随书附赠的资源，如书中的案例或程序源代码。

另外，社区还提供了大量的免费电子书，只要注册成为社区用户就可以免费下载。

与作译者互动

很多图书的作译者已经入驻社区，您可以关注他们，咨询技术问题；可以阅读不断更新的技术文章，听作译者和编辑畅聊好书背后有趣的故事；还可以参与社区的作者访谈栏目，向您关注的作者提出采访题目。

灵活优惠的购书

您可以方便地下单购买纸质图书或电子图书，纸质图书直接从人民邮电出版社书库发货，电子书提供多种阅读格式。

对于重磅新书，社区提供预售和新书首发服务，用户可以第一时间买到心仪的新书。

用户账户中的积分可以用于购书优惠。100 积分 =1 元，购买图书时，在 使用积分 里填入可使用的积分数值，即可扣减相应金额。